Mit agilem Mindset zum Erfolg

Mit agilem Mindset zum Erfolg

Regine Stopka

Regine Stopka

Mit agilem Mindset zum Erfolg

Erfolgreiche Teamarbeit mit ZRM®

hogrefe

Regine Stopka
E-Mail: info@regine-stopka.ch

Bibliografische Information der Deutschen Nationalbibliothek
Die Deutsche Nationalbibliothek verzeichnet diese Publikation in der Deutschen Nationalbibliografie; detaillierte bibliografische Daten sind im Internet über http://www.dnb.de abrufbar.

Anregungen und Zuschriften bitte an:
Hogrefe AG
Lektorat Psychologie
Länggass-Strasse 76
3012 Bern
Schweiz
Tel. +41 31 300 45 00
info@hogrefe.ch
www.hogrefe.ch

Lektorat: Dr. Susanne Lauri
Bearbeitung: Tobias Gaudin, Gießen
Herstellung: René Tschirren
Umschlagabbildung: Getty Images / Martin Barraud
Umschlaggestaltung: Claude Borer, Riehen
Illustration (Innenteil): René Tschirren
Satz: punktgenau GmbH, Bühl
Druck und buchbinderische Verarbeitung: Multiprint Ltd., Kostinbrod
Printed in Bulgaria

Inhaltsverzeichnis

Geleitwort

Mit ihrem Buch schließt Regine Stopka eine große Lücke für die berufliche Welt. Die Zeiten verlangen Kompetenzen von den Mitarbeitenden, die für viele zwar vom Verstand her klar sind, von denen aber niemand so genau weiß, wie man sie umsetzen kann. Die Zukunft hat längst begonnen – nur haben das noch nicht alle bemerkt. In den alten Zeiten, als noch viel mit gründlicher Planung, präzisen Vorgaben, klaren Hierarchien und akribischer Kontrolle gearbeitet wurde, hat man sich ausgekannt. Man hat zwar auch oft über den Arbeitsplatz geschimpft oder musste abends zu Hause den Frust loswerden. Aber im Großen und Ganzen war die Welt klar geregelt und man wusste, wie man sich darin einrichten konnte.

Diese Zeiten sind vorbei und sie werden niemals wiederkehren. Inzwischen sind die Erkenntnisse, die mit der neuen Arbeitswelt verbunden sind, eigentlich in den meisten Firmen und Institutionen bekannt. Themen zur Kenntnis nehmen heißt jedoch noch lange nicht, auch entsprechend handeln zu können.

Von den Mitarbeitenden und den Führungskräften, die in der neuen Zeit arbeiten, wird nichts weniger verlangt als ein Wechsel ihrer inneren Haltung. Ambiguitätstoleranz, Flexibilität, Agilität, Selbstorganisation ... All das sind zentrale Begriffe, die schnell ausgesprochen sind, von denen aber niemand so genau weiß, wie sie umgesetzt werden sollen. Manche Menschen bringen derartige Kompetenzen aufgrund ihrer Persönlichkeit schon ins Erwerbsleben mit. Sie fühlen sich in den neuen Zeiten wohl, wie ein Fisch im Wasser. Doch was geschieht mit all den anderen? Denen mit einem mulmigen Gefühl, denen, die unsicher sind, oder denen, die das alles grundsätzlich für großen, gefährlichen Quatsch halten? Müssen diese Menschen auf der Strecke bleiben oder müssen sie sich zwangsweise anpassen, wie in einem Umerziehungslager?

Regine Stopkas Botschaft ist eindeutig: Niemand muss Zwängen ausgesetzt werden, keiner muss sich verstellen, keine muss zähneknirschend neue Gewohnheiten annehmen. Mit der Methode des Zürcher Ressourcen Modells ZRM verfügen wir über ein Selbstmanagement-Tool, das Menschen bei ihrer ureigenen Individualität abholt und es ihnen ermöglicht, auch für komplizierte neue Sachverhalte eigene Ressourcen zu entdecken und einzusetzen.

Das agile Mindset hat ganz verschiedene Ausformungen, je nachdem, wer für sich selber an dieser Thematik arbeitet. Und weil es im ZRM nicht nur erlaubt, sondern sogar erwünscht ist, dass der eigene Wesenskern das Zentrum der Entwicklungsarbeit bildet, führt die Arbeit mit dieser Methode zu mehr Zufriedenheit und – was das Wichtigste ist – zu mehr Eigenart. Ein Team, das aus starken Individuen besteht, hat eine echte Chance, sich selber zu organisieren, denn die Teammitglieder begegnen sich auf Augenhöhe und respektieren sich selber genauso wie die anderen.

Es ist überflüssig, an dieser Stelle zu erwähnen, dass Regine Stopka natürlich eine umfassende theoretische Ausarbeitung der wissenschaftlichen Hintergründe des ZRM liefert. Das ZRM arbeitet mit dem Unbewussten – das muss man erklären. Das ZRM schult Menschen in der Affektbilanz – was hat man sich darunter vorzustellen? Wie findet ein Teammitglied den eigenen Veränderungsbedarf heraus? Auf all diese Fragen gibt es in diesem Buch Antworten. Ein ganz konkretes Fallbeispiel der Bank Rubinia zeigt Schritt für Schritt, wie ein ZRM-Training abläuft, und ermöglicht es den Lesenden, durch die Identifikation mit einzelnen Teammitgliedern auch mehr über sich selbst zu lernen.

Dieses Buch ist ein Basisbuch für alle, die ernsthaft und nachhaltig agile Mindsets in ihrem Team etablieren wollen. Man findet darin alles, was man braucht, um die Ärmel hochzukrempeln und tätig zu werden.

Ich wünsche diesem Buch viele hochmotivierte und aktionsbereite Teams als Ergebnis, die Lust auf den ZRM-Prozess bekommen haben.

Dr. Maja Storch
Zürich, im Mai 2021

Einleitung

In manchen Teams scheint die Zusammenarbeit wie von selbst zu funktionieren. Alle ziehen an einem Strang. Richten ihr Verhalten an den Notwendigkeiten einer Situation aus, obgleich weder konkrete Vorgaben noch präzise Aufgaben existieren. Arbeiten Hand in Hand, obwohl keine Prozesse vereinbart sind. Jede und jeder scheint die Aktionen und Bedürfnisse der anderen zu kennen und berücksichtigt sie bei den eigenen Handlungen. Die Verständigung in diesen Teams ist schnell und effektiv, bedarf keiner vielen Worte. Sie ist der Situation und dem Gegenüber angemessen und stets rücksichtsvoll – auch ohne Kommunikationsrichtlinien. Das Team trifft auch in schwierigen Situationen schnell und kompetent Entscheidungen. Selbst dann, wenn nicht genügend Zeit zur Verfügung steht, um alle notwendigen Informationen zusammenzutragen.

Hört sich das für Sie wie im Märchen an? Das mag sein. Doch so eine Zusammenarbeit kann gelingen. Allerdings bedarf es dazu weit mehr als nur des Einsatzes agiler Methoden und Praktiken. Es reicht nicht, Kanban-Boards zu installieren, eine Produktvision zu entwickeln, User Stories zu formulieren und die vielen anderen agilen Techniken zu praktizieren. Außerdem notwendig ist die Umsetzung bestimmter Prinzipien. Dazu gehören beispielsweise eine konstruktive Feedback- und Fehlerkultur, Offenheit für Veränderung oder zweckmäßige Teamwerte. Doch selbst mit diesem zweiten Aspekt fehlt noch immer ein elementarer Baustein selbstorganisierter Zusammenarbeit: das agile Mindset. Es repräsentiert eine innere Verfassung, die im Einklang mit dem persönlichen Wertesystem eines Menschen steht. Das agile Mindset unterstützt die beiden anderen Aspekte. Nur wenn alle drei ideal zusammenspielen, kann selbstorganisierte Teamarbeit gelingen.

Das agile Mindset wird oft unterschätzt, weil es schlecht greifbar ist. Wie kann ich als Mitarbeiter[1] wissen, wie ich mich verhalten soll, wenn ich keine klaren Vorgaben und Anweisungen habe? Wie kann ich mich mit Neuem arrangieren oder es unterstützen, obwohl ich doch eigentlich gar keine Veränderung möchte? In das agile Mindset fließen nicht nur bewusste, sondern auch unbewusste Aspekte ein. Deshalb ist es vielen Menschen suspekt. Für sie hat die gezielte Arbeit mit dem Unbewussten etwas Dubioses, sehr Geheimnisvolles. Doch es ist mittlerweile wissenschaftlich gut erforscht und man weiß sehr viel über seine Funktionsweise.

Dieses Buch beschreibt die klar definierte Vorgehensweise des Zürcher Ressourcen Modells (ZRM), mit dem jede Person eines Teams ein persönliches agiles Mindset entwickeln kann. Hierfür erkläre ich zunächst das Zusammenspiel des agilen Mindsets mit den anderen beiden Aspekten selbstorganisierter Teamarbeit. Danach stelle ich die konkreten Prinzipien vor, die ein Team für diese Form der Zusammenarbeit benötigt. Anschließend beschreibe ich das Vorgehen des ZRM. Ich erläutere, was unter einem agilen Mindset aus wissenschaftlicher Sicht zu verstehen ist und welche Vorteile es mit sich bringt. Ich zeige den Weg, wie jede und jeder mit dem ZRM ein gewünschtes persönliches Mindset entwickeln kann und sich auf dieser Basis ein Team-Mindset aufbauen lässt. Doch nicht nur das: Ich erkläre, dass das Unbewusste in vielerlei Hinsicht anders funktioniert als der bewusste Verstand. Wenn uns ein Verhalten völlig unerklärlich erscheint, ist das häufig auf die unterschiedliche Funktionsweise dieser beiden Gedächtnissysteme zurückzuführen. Alles, was Sie hier für den beruflichen Kontext erfahren, können Sie auch für private Belange nutzen. Denn auch Ihr Partner, Ihre Freunde und Bekannten haben diese beiden Systeme.

In diesem Sinne wünsche ich Ihnen inspirierende Erkenntnisse und viel Freude beim Lesen.

Regine Stopka

---

1 Im Text achten wir auf eine geschlechtsneutrale Sprache, indem wir entweder eine neutrale Ausdrucksweise oder nach Zufall die männliche und weibliche Form verwenden. Alle enthaltenen Personenbezeichnungen schließen das jeweils andere Geschlecht mit ein.

1
Das agile Mindset im Zürcher Ressourcen Modell

Am Vortag der Einführung der neuen App entdeckt Fabienne einen Fehler, der die Software zum Abstürzen bringt. Die Korrektur dieses Fehlers ist kompliziert und wird wahrscheinlich mehrere Tage beanspruchen.

Was ist zu tun? Die App termingerecht und mit Fehler ausliefern? Oder den Fehler korrigieren und die App verspätet ausliefern?

Das Team ist an diesem Tag auf sich allein gestellt. Patrick, der Teamleiter, nimmt einen wichtigen Termin außer Haus wahr. Alle sind angespannt, die Stimmung ist jedoch friedlich. Plötzlich entbrennt eine Diskussion darüber, wie dieser Fehler überhaupt entstehen konnte. „Ihr habt die Anforderungsspezifikation nicht richtig gelesen“, beklagt sich Fabienne bei den Entwicklern. Sie arbeitet als Test Specialist in Patricks Team. Es ist ihr deutlich anzusehen, dass sie innerlich kocht und sich kaum noch beherrschen kann. Ein Entwickler, Sebastian, verdreht die Augen und holt tief Luft. „Ich habe die Anforderungen des Kunden nie als Ganzes gesehen“, entgegnet er sichtlich genervt. „Und wir haben über einzelne Aspekte nie im Detail gesprochen.“

Es folgt ein heftiger Schlagabtausch zwischen Fabienne und Sebastian. Die anderen im Team beobachteten das Wortgefecht schweigend. Nach einer gefühlten Ewigkeit sagt Sebastian schließlich: „Ich sage jetzt nichts mehr.“

„Früher war alles besser“, sagt Eric unvermittelt. Er arbeitet bereits seit vielen Jahren als Business Analyst im Team und hat viel Erfahrung mit der betreffenden App. „Es war immer klar, was zu tun ist. Wir hatten alles im Griff. Heute schaffen wir es nicht einmal mehr, eine neue Version der App pünktlich und fehlerfrei auszuliefern.“ Alle wissen, dass sich Eric die klaren Vorgaben und die Sicherheit alter Abläufe zurückwünscht. Er steht allem Neuen ablehnend gegenüber und entzieht sich, so oft er kann. Jedes Problem ist für ihn ein Beweis, dass alles „Neumodische" nicht funktioniert.

Das Team hat turbulente Zeiten hinter sich. Selbstorganisation mit agilem Arbeiten wurde eingeführt. Der frühere Teamleiter und drei weitere langjährige Mitarbeiter hatten die Firma innerhalb kurzer Zeit verlassen. Ersetzt wurden sie durch den neuen Teamleiter Patrick und zwei weitere neue Mitarbeitende. Heute besteht das Team aus einer bunten Mischung von Frauen und Männern verschiedenen Alters und vieler Nationalitäten. Alle verfügen über großes IT-Know-how. Doch die Neuen kennen den Programmcode der Applikationen und die zugrunde liegenden betrieblichen Abläufe nicht. Es ist keine aktuelle Dokumentation vorhanden. Alles Wissen steckt in den Köpfen der langjährigen Mitarbeitenden.

Erics Bemerkung macht allen das fehlende Know-how der Neuen schmerzlich bewusst: Einer der Neuen ist Sebastian. Er arbeitet seit seinem Start in Patricks Team vor acht Monaten daran, die Schnittstelle zur Buchhaltung zu erweitern. Ursprünglich sollte diese Erweiterung innerhalb von vierzehn Tagen abgeschlossen sein. Doch der Schnittstellencode ist unstrukturiert und redundant. Sebastian muss sich regelrecht durch ihn hindurchkämpfen. Alle versuchen zwar, ihm zu helfen, doch diese Unterstützung scheint nicht zu fruchten. Zwischenzeitlich macht sich bei manchen Zweifel an seinem Know-how breit. Insgeheim werden seine komplizierte Denkweise und sein detailorientierter Arbeitsstil kritisiert.

Nach der heftigen Diskussion zwischen Sebastian und Fabienne sowie Erics sehnsuchtsvoller Erinnerung an frühere Zeiten konzentrieren sich alle nochmals auf das eigentliche Thema. Welche Auswirkungen würde die Einführung der fehlerhaften App haben? Welche Konsequenzen würden sich aus einer Verschiebung der Einführung ergeben? Es ist eine echte Zwickmühle. Für jede Variante gibt es gute Argumente, die dafür oder dagegen sprechen.

Reinhard arbeitet als Entwickler fast ebenso lange im Team wie Eric. Er hört der Diskussion seiner Kollegen zu. Währenddessen überlegt er, wie er sich entscheiden würde. Ihm ist wichtig, die App mit dem versprochenen Funktionsumfang an das Partnerteam im Betrieb auszuliefern. Dort wird die App nochmals auf Herz und Nieren geprüft, bevor sie schließlich den Endkunden zur Verfügung gestellt wird. Reinhard würde sich nicht scheuen, seinen Kollegen im Partnerteam eine unerfreuliche Nachricht zu überbringen. Er ist sich sicher, dass eine ehrliche Schilderung der Situation auf Verständnis stoßen würde. Mit diesen Überlegungen steht sein Entschluss fest: verschieben! Nach einigem Hin und Her entscheiden sich die meisten anderen auch für diese Variante.

Doch plötzlich steht die Frage im Raum, ob das Team diese Entscheidung überhaupt autonom treffen darf. Alle scheinen wie gelähmt. Es ist eine missliche Situation. Schließlich bestimmt Reinhard frustriert: „Ich rufe Patrick an. Er ist Teamleiter. Soll er entscheiden."

1.1. Wofür das agile Mindset dient

Vielleicht haben Sie Ihr Team bei der Schilderung dieser Probleme wiedererkannt. Es ist eine exemplarische Zusammenstellung typischer Probleme, die sich in der Zusammenarbeit eines Teams ergeben können. Jeder im Team ist guten Willens. Jeder tut das aus seiner Sicht Notwendige. Dennoch klappt die Zusammenarbeit nicht gut. Insbesondere in schwierigen, stressigen Situationen kommt es zu größeren Problemen. Wie kann die Selbstorganisation und agile Zusammenarbeit in einem Team optimal funktionieren? Die meisten Teams beginnen mit den agilen Methoden und Praktiken. Dazu gehören beispielsweise die Nutzung von Kanban-Boards, die Entwicklung einer Produktvision, der Einsatz von User Storys und vieles mehr. Doch diese Methoden und Praktiken sind für die selbstorganisierte Zusammenarbeit keineswegs ausreichend. Damit sie erfolgreich funktionieren kann, sind Werte und Prinzipien von großer Bedeutung. Insgesamt sieben Prinzipien gilt es zu berücksichtigen. Um welche es sich konkret handelt, werden wir im nächsten Kapitel ausführlich besprechen. Beispielsweise gehören Offenheit für Veränderung, Aufbau einer Feedback- und Fehlerkultur oder die Orientierung an Teamwerten dazu. Doch auch diese Prinzipien garantieren noch keine erfolgreiche Zusammenarbeit. Darüber hinaus ist ein agiles Mindset von entscheidender Wichtigkeit. Es repräsentiert die persönliche Haltung eines jeden Teammitglieds. Jedes benötigt eine innere Einstellung für die bestmögliche Unterstützung der gemeinschaftlichen Teamarbeit. Selbstorganisierte Zusammenarbeit benötigt demnach alle drei Aspekte: Methoden und Praktiken, Werte und Prinzipien sowie ein agiles Mindset. Für eine erfolgreiche Selbstorganisation gilt es, sowohl jeden Aspekt für sich als auch deren Zusammenspiel untereinander zu beachten. Das Team in diesem Beispiel soll Ihnen als Orientierung dienen. Es zeigt, wie Werte und Prinzipien in die Teamarbeit einfließen und wie jedes Teammitglied ein agiles Mindset entwickeln kann. Damit bestehen beste Voraussetzungen für eine gelingende Zusammenarbeit mit schneller und effektiver Verständigung ohne vieler Worte, einem Hand-in-Hand-Arbeiten ohne Vereinbarung expliziter Prozesse. Einer Teamarbeit, in der alle ihr individuelles Verhalten dynamisch an den Notwendigkeiten einer Situation anpassen.

Das agile Mindset ist demnach keineswegs *die* Lösung aller Probleme, die sich in der Zusammenarbeit eines Teams ergeben können. Es ist ein wesentlicher Faktor in der selbstorganisierten Teamarbeit. Doch auch die beiden anderen Aspekte sind notwendig und wichtig. Gemeinsam mit dem agilen Mindset bilden sie die optimale Voraussetzung erfolgreicher Zusammenarbeit. Das Mindset beschreibt eine Haltung, die erklärt, *warum* sich jemand in einer bestimmten Weise verhält. Es repräsentiert eine innere Verfassung im Einklang mit dem persönlichen Wertesystem einer Person. Sie hat bestimmte Verhaltensweisen zur Folge, die jedoch nicht explizit thematisiert werden. Dieses Phänomen ist in der Alltagspsychologie wohlbekannt: Es handelt sich um Sprichwörter. Diese beschreiben eine innere Einstellung, die eine Person in einer bestimmten Weise handeln lässt. Wenn beispielsweise eine Person einen offenen und ehrlichen Umgang mit anderen Menschen pflegt, begründet sich dies durch das Sprichwort „Ehrlich währt am längsten". Sprichwörter sind demnach etwas Ähnliches wie ein agiles Mindset. Dieses hat natürlich weitere Eigenschaften, die es für die Zusammenarbeit eines Teams ausgesprochen wertvoll machen. Wir werden uns diesen Besonderheiten später widmen. Im Moment geht es jedoch um die drei Aspekte erfolgreicher Zusammenarbeit. Dazu ist dieses grundsätzliche Verständnis von einem Mindset ausreichend. Es beschreibt demnach eine Haltung, die das Verhalten einer Person maßgeblich bestimmt. Doch wie sieht das „richtige" Verhalten für eine funktionierende Teamarbeit aus? Hier kommt der zweite Aspekt ins Spiel: die Prinzipien einer Zusammenarbeit. Es sind Regeln, die beschreiben, *was* alle im

Team tun sollten, damit die Zusammenarbeit optimal funktioniert. Teamarbeit benötigt Regeln. Nur mit Regeln kann Teamarbeit so gelingen, dass ein Team seine Ziele oder Visionen bestmöglich erreicht. Hierfür sind natürlich noch viele andere Dinge notwendig, wie beispielsweise fachliches Wissen, notwendige Infrastruktur oder ausreichendes Budget. Diese Punkte sind jedoch nicht Gegenstand dieses Buches. Im Moment geht es allein um die Aspekte der Zusammenarbeit. Zwei davon haben wir bereits kennengelernt: das agile Mindset und Prinzipien. An letzteren können sich alle im Team orientieren. Wie Leuchttürme zeigen sie auf wichtige Themen, die zu berücksichtigen sind. Beispielsweise ist die Etablierung einer Feedback- und Fehlerkultur ein wichtiges Prinzip, das ein Team beherzigen sollte. Wie ist es umzusetzen? Mit dieser Frage kommen wir zum dritten und letzten Aspekt gelingender Teamarbeit: Es sind die Methoden und Praktiken. Sie illustrieren, *wie* Prinzipien umzusetzen sind. Zum Beispiel kann das Prinzip „Feedback- und Fehlerkultur“ durch die Methode der Retrospektive praktisch umgesetzt werden. Methoden und Praktiken repräsentieren den dritten notwendigen Aspekt für eine gelingende Zusammenarbeit. Demnach erfordert Teamarbeit die Berücksichtigung der drei Aspekte Mindset, Prinzipien sowie Methoden und Praktiken.

Folgende Grafik verdeutlicht diesen Zusammenhang (s. **Abb. 1-1**):

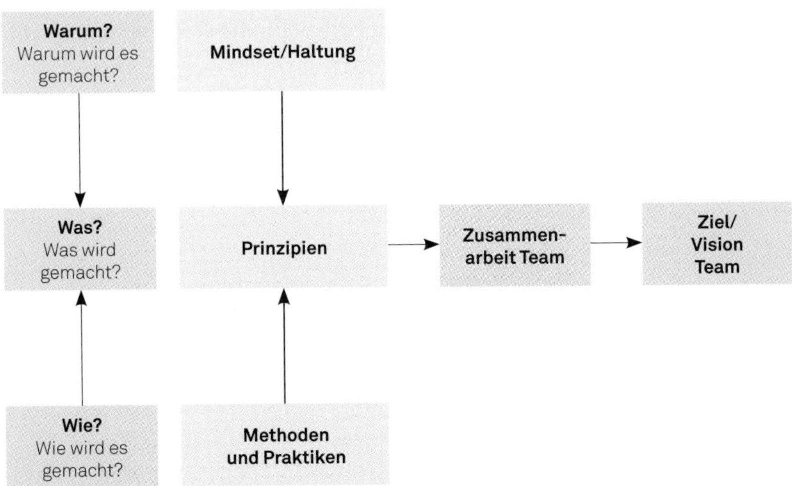

Abbildung 1-1: Gestaltung Zusammenarbeit

Der Sachverhalt mit diesen drei Aspekten für erfolgreiche Teamarbeit leuchtet möglicherweise nicht sofort ein. Deshalb möchte ich ihn an einem anderen, gut nachvollziehbaren Beispiel erläutern. Bitte stellen Sie sich vor, dass ihre Organisation eine Firmenparty ausrichten möchte. Natürlich soll dieses Fest ein Erfolg werden. Alle sollen daran teilnehmen und sich wohlfühlen. Das ist das Ziel, um das es geht. Alle Teams sollen dazu einen Beitrag leisten und einen Teil der anstehenden Aufgaben übernehmen. Die Aufgabe von Ihnen und Ihrem Team ist es, das Festessen zu gestalten.

Schauen wir uns an, wie Sie an diese Aufgaben herangehen können. Welche Überlegungen sollten Sie sich machen, um das Festessen optimal zu gestalten? Zunächst sollten Sie sich Gedanken um die gewünschte Menüfolge machen: Was soll als Aperitif, Vorspeise, Hauptgang, Nachtisch zubereitet werden? Ist der Hauptgang ein Gänsebraten, eine vegetarische Lasagne oder vegane Rote Beete mit Linsenfüllung? Soll der Nachtisch ein sahniges Tiramisu sein oder doch besser ein frischer Fruchtsalat? Demzufolge ist zunächst die Frage zentral, was zu einer gelungenen Menüfolge alles dazugehört, damit das Festessen ein Erfolg werden kann (s. **Abb. 1-2**).

Das lässt sich besser beantworten, wenn Sie die Haltung der Gäste mit ihren individuellen Vorlieben kennen. Sind Vegetarier darunter, wäre Gänsebraten keine gute Wahl. Sind Veganerinnen dabei, ist auch vegetarische Lasagne keine Option. Sahniges Tiramisu ist ungeeignet für gesundheitsbewusste Sportler, die alles Fettige meiden. Diese individuelle Haltung mit ihren Vorlieben und Abneigungen entscheidet darüber, welche Gerichte jemand mag. Sie bestimmt, ob sich eine Person für die Gerichte und Menü-

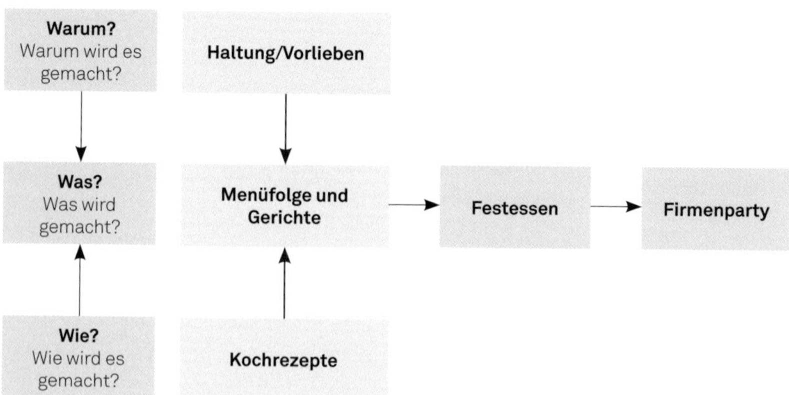

Abbildung 1-2: Gestaltung Festessen

folge begeistern kann. Falls sich alle an dem Essen erfreuen, ist eine erfolgreiche Party schon fast garantiert. Sobald Menüfolge, Gerichte und Haltung bekannt sind, kann es weitergehen. Nun ist der richtige Zeitpunkt, um die Zubereitung der Gerichte anzugehen und Rezepte zu konsultieren. Mit den Beschreibungen der Rezepte ist klar, wie Sie das jeweilige Gericht zubereiten können. Damit können Gänsebraten, vegetarische Lasagne oder Rote Beete mit Linsenfüllung und alle weiteren Gerichte gelingen. Bei diesem Festessen ist alles gut aufeinander abgestimmt. Vorspeisen, Hauptgang und Nachtisch passen gut zueinander, deren Zubereitung ist geklärt und alle bekommen das zu essen, was sie mögen. Die Party kann losgehen.

Bei einer Gegenüberstellung von Festessen und Teamzusammenarbeit wird deutlich, dass in beiden Fällen dieselben Überlegungen notwendig sind (s. **Abb. 1-3**). Bei der Frage nach dem „Was“ geht es anstelle der Menüfolge um Prinzipien. Dies sind Regeln für die Zusammenarbeit, damit das Team seine Ziele oder Visionen bestmöglich erreichen kann. Danach kommt das „Warum“, also die persönliche Haltung. Im Zusammenhang mit der Teamarbeit geht es nicht um kulinarische Vorlieben. Stattdessen geht es um eine Haltung, die der Umsetzung der Prinzipien optimal dient. Zum Beispiel unterstützt eine Haltung „Ehrlich währt am längsten“ das Prinzip einer Feedback- und Fehlerkultur in geeigneter Weise. Schließlich geht es um das „Wie“, also um Methoden und Praktiken. Ähnlich den Rezepten geben sie praktische Anleitung für die konkrete Umsetzung der Prinzipien.

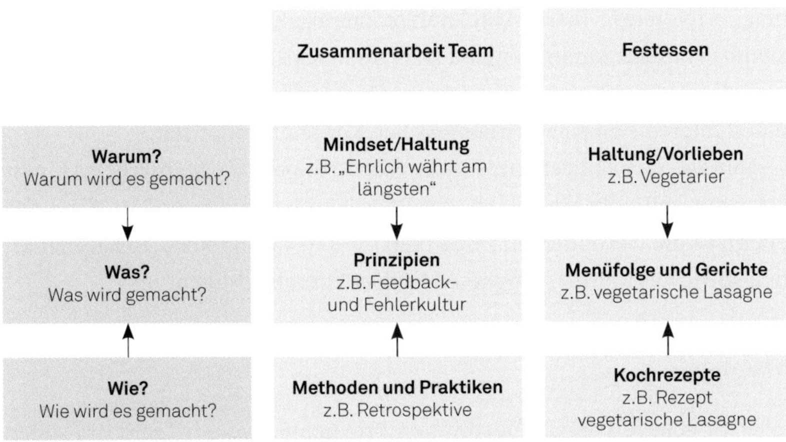

Abbildung 1-3: Gegenüberstellung Zusammenarbeit und Festessen

Methoden und Praktiken

Methoden und Praktiken beschreiben, *wie* ein Team seine Zusammenarbeit gestalten kann. Es sind Werkzeuge und Vorgehensmodelle, die ein geeignetes Vorgehen beschreiben. Oftmals beginnen Teams mit diesen Methoden und Praktiken, da sie griffig und leicht nachvollziehbar sind. Sie bieten gute Unterstützung und Sicherheit bei den ersten Schritten zum selbstorganisierten Team. Es wäre jedoch falsch, lediglich Methoden und Praktiken zu berücksichtigen. Das wäre so, als ob man sich bei der Gestaltung des Festessens allein auf die Auswahl und Umsetzung der Kochrezepte beschränkte. Man würde sich weder um die Menüfolge und die Gerichte noch um die Haltung mit den Vorlieben der Teilnehmenden kümmern. Es könnte passieren, dass man zwar drei Hauptgänge, jedoch keine Vorspeise und kein Dessert anbieten kann. Die Menüfolge wäre nicht berücksichtigt. Oder man würde Vegetarierinnen einen Gänsebraten und asketischen Sportlern ein Tiramisu servieren. Die persönliche Haltung mit ihren Vorlieben würde schlichtweg ignoriert. Ein vorzügliches Festessen kann auf diese Weise nicht gelingen. Ein Rezept für den besten Gänsebraten ist nutzlos, weil es einen Vegetarier nicht glücklich macht. Ein Rezept für ein wunderbares Tiramisu ist bei einer asketischen Sportlerin absolute Verschwendung. Gleiches gilt für die Teamarbeit, wenn man sich lediglich mit Methoden und Praktiken befasst. Niemand würde sich um Prinzipien oder Mindset kümmern. Es könnte passieren, dass einzelne Prinzipien völlig unberücksichtigt blieben. Oder eine Haltung postuliert würde, die niemand unterstützen mag. Erfolgreiche Teamarbeit kann so kaum gelingen. Retrospektiven sind ziemlich nutzlos, wenn niemand an einer konstruktiven Feedbackkultur interessiert ist. Ein Kommunikationsseminar ergibt nicht viel Sinn, wenn niemand Interesse an einer wirkungsvollen Kommunikation hat.

Nun ist nachvollziehbar, warum sich erfolgreiche Teamarbeit keineswegs nur auf agile Methoden und Praktiken beschränken darf. Sie sollte ebenfalls die wesentlichen Prinzipien für eine erfolgreiche Zusammenarbeit sowie das hierfür geeignete Mindset berücksichtigen.

Prinzipien

Wie wir gesehen haben, bestimmen Prinzipien, *was* ein Team tun sollte, damit die Zusammenarbeit gut funktioniert und es sein Ziel oder seine

Vision erfüllen kann. Es verhält sich genauso wie in unserer Analogie des Festessens: Man sollte wissen, was man kochen möchte, welche einzelnen Gerichte man zu einer harmonischen Menüfolge zusammenstellen will. Passen alle zueinander, kann das Festessen ein Erfolg werden. Genauso wie die Menüzusammenstellung wichtig ist, verhält es sich mit den Prinzipien für eine gelingende Teamarbeit: Was ist notwendig, damit sie gelingt? Welche Prinzipien sind zu beachten, damit das gemeinsame Arbeiten erfolgreich sein kann? Das sind Fragen, die sich wahrscheinlich alle stellen, die die Gestaltung der Teamarbeit zur Aufgabe haben und denen sie am Herzen liegt. Wichtige Prinzipien sind beispielsweise die Etablierung einer Feedback- und Fehlerkultur, Autonomie bei Entscheidungen oder Offenheit gegenüber Veränderungen. Insgesamt gibt es sieben Prinzipien, die wir uns im nächsten Kapitel ausführlicher anschauen werden. Zunächst bleiben wir jedoch auf einer höheren Abstraktionsebene und schauen die grundsätzliche Funktion der Prinzipien an.

Prinzipien sind allgemeingültige und nicht verhandelbare Handlungsleitlinien, an denen alle im Team ihr Verhalten ausrichten. Diese Handlungsleitlinien sind unbedingt notwendig, damit Teamarbeit funktionieren kann. Warum bleiben Prinzipien in vielen Teams unberücksichtigt, obgleich es sie offensichtlich dringend braucht? Vermutlich liegt es daran, dass Teams häufig an eine andere Form der Zusammenarbeit gewöhnt sind. Einer Zusammenarbeit, in der diese Prinzipien und Mindset keine große Rolle spielen.

Viele Teams haben ihre Wurzeln in leistungsorientierten Organisationen, in denen Teamarbeit grundlegend anders geregelt ist (Laloux, 2015):

- Mitarbeitende und Teams bekommen gesagt, was sie tun sollen. Es gibt klar definierte Aufgabenbereiche und präzise kommunizierte Vorgaben.
- Die Zusammenarbeit ist durch Prozesse geregelt.
- Entscheidungen werden zentral getroffen und Entscheidungsbefugnis ist an eine bestimmte Hierarchiestufe gebunden.

Diese Teamarbeit gleicht einem komplizierten Uhrwerk, dessen Zahnräder exakt ineinandergreifen müssen. Bei dieser Analogie entsprechen Menschen den Zahnrädern. Sie haben Funktionen inne und übernehmen genau definierte Aufgaben. Jede und jeder trägt einen kleinen Teil zum Gesamtergebnis bei.

Die Zusammenarbeit selbstorganisierter Teams orientiert sich dagegen an anderen Grundsätzen (Laloux, 2015):

- Statt an Aufgabenbereichen und klaren Vorgaben orientieren sich Mitarbeitende und Teams an den Kunden mit ihren Problemen, Wünschen und Bedürfnissen. Wie die Kundenziele umgesetzt werden, können Teams weitgehend selbst entscheiden.
- Prozesse und Vorgaben treten in den Hintergrund, stattdessen regeln Prinzipien die Zusammenarbeit.
- Entscheidungen werden nicht in der Linie getroffen, sondern dort, wo die größte Kompetenz dafür vorhanden ist.

Selbstorganisation bedeutet demzufolge ein hohes Maß an eigenverantwortlichem Handeln. Teams können maßgebend selbst entscheiden, wie sie ein Ziel erreichen und wie sie ihre Zusammenarbeit gestalten wollen. Mitarbeitende sind keine austauschbaren Rädchen eines Uhrwerks, sondern kompetente Personen mit individuellen Stärken, Talenten und Potenzialen. Damit das Miteinander dieser einzigartigen Persönlichkeiten in einem Team gelingt, ist es auf Prinzipien und ein geeignetes Mindset angewiesen. Die Umstellung auf Selbstorganisation darf somit keineswegs nur auf die Implementierung neuer Methoden und Prozesse beschränkt werden. Selbstorganisation bedeutet auf Teamebene in erster Linie eine Teamentwicklungsmaßnahme. Mit dieser Teamentwicklung soll das Team in die Lage versetzt werden, in unterschiedlichen Situationen aus sich selbst heraus richtig und erfolgreich zu handeln. Es soll befähigt werden, seine Zusammenarbeit untereinander auszuhandeln und zu gestalten. In diesem Verständnis gehören zu einem Team sowohl Team- oder Projektleitende wie auch die beiden Rollen des Scrum-Frameworks, nämlich Scrum Master und Product Owner. Ein Team ist eine Gruppe von Menschen, die nach gemeinschaftlichen Regeln und Rollen ein gemeinsames Ziel verfolgen und dies nur gemeinsam erreichen können.

Mindset

Das Mindset trägt maßgebend dazu bei, dass Prinzipien dauerhaft umgesetzt werden. Diese persönliche Haltung sollte zu den Prinzipien des Teams passen. Maßgebend für die erfolgreiche Umsetzung von Prinzipien ist demnach die grundlegende persönliche Haltung jeder und jedes

Einzelnen. Sie liefert eine individuelle Begründung, *warum* jemand etwas tut und wie er davon profitiert. Es beschreibt innere Beweggründe für das Handeln eines Menschen. Was den Erfolg des Festessens angeht, liegt dies auf der Hand: Es gelingt, wenn Menüfolge und Gerichte die Haltung und Vorlieben aller berücksichtigen. Zum Vegetarier passt vegetarische Lasagne, zur Bratenliebhaberin der Gänsebraten und für den asketischen Sportler ist ein fettfreier Fruchtsalat bestens geeignet. Gerichte und persönliche Einstellungen passen zueinander. Das Festessen gelingt. Ähnlich verhält es sich mit der Teamzusammenarbeit: Sie gelingt, wenn die Prinzipien durch das jeweilige Mindset der Teammitglieder unterstützt werden. Ein Beispiel haben wir bereits kennengelernt: Das Prinzip der Feedback- und Fehlerkultur wird durch die Haltung „Ehrlich währt am längsten" unterstützt.

Sofern sich die Haltung einer Person im Einklang mit den Prinzipien befindet, wird sie ihr Verhalten danach ausrichten. Die Teamarbeit wird zum Erfolg. Bei einem Festessen sollten Haltung und persönliche Vorlieben, Menüfolge und Rezepte zueinander passen. Gleiches gilt für die Teamarbeit: Mindset, Prinzipien sowie Methoden und Praktiken sollten aufeinander abgestimmt sein, wenn die Zusammenarbeit im Team gelingen soll. Das Mindset repräsentiert eine innere Haltung, die Prinzipien unterstützt. Diese wiederum beschreiben Handlungsleitlinien einer gelingenden Zusammenarbeit. Wie diese umgesetzt werden können, wird durch Methoden und Praktiken konkretisiert.

Ein geeignetes Mindset hat zwei Funktionen: Es repräsentiert die inneren Beweggründe für das Handeln einer Person. Es beschreibt, warum jemand etwas tut. Damit stellt es auf persönlicher Ebene Motivation für ein Verhalten bereit. Indem alle ihr individuelles Verhalten erfolgreich an den Prinzipien ausrichten, dient das persönliche Mindset mittelbar der erfolgreichen Zusammenarbeit im Team. Damit wird es zum entscheidenden Faktor für die Teamzusammenarbeit.

Wenn die Haltung einer Mitarbeiterin oder eines Mitarbeiters zu den Prinzipien passt, bedeutet das konkret, dass diese Person die Handlungsleitlinien für das Team gut findet und sie unterstützt. Es ist alles in Ordnung. Es ist wie beim Festessen: Für Vegetarierinnen ist vegetarische Lasagne prima. Bratenfans freuen sich über Gänsebraten. Eine asketische Sportlerin mag Fruchtsalat. Das Festessen ist ein Erfolg. Das Analoge gilt für die Teamzusammenarbeit: Jemand mit der Haltung „Ehrlich währt am längsten" findet eine konstruktive und offene Feedback- und Fehlerkultur gut. Jemand, der mit einer selbstbewussten Haltung durch das Leben geht, schätzt Autonomie. Unterstützen alle im Team Prinzipien mit einer geeigneten Haltung, bestehen beste Chancen auf eine erfolgreiche Zusammenarbeit.

Doch was ist, wenn die persönliche Haltung diesen Prinzipien zuwiderläuft? Wenn also ein Vegetarier Gänsebraten essen sollte? Oder eine Veganerin vegetarische Lasagne? Kann ein Festessen gelingen, obwohl niemand das Gericht bekommt, das er mag? Dieselbe Frage stellt sich hinsichtlich der Zusammenarbeit im Team: Kann sie gelingen, obwohl die Haltung eines Teammitglieds die postulierten Prinzipien nicht oder nur zum Teil unterstützt? Wenn jemand, der sich mit Veränderungen schwertut, sich dennoch mit Offenheit für Neues anfreunden soll? Oder eine Person, die wegen Fehlern in der Vergangenheit schlecht beurteilt wurde, trotzdem eine offene Fehlerkultur zu unterstützen hat? Was also ist zu tun, wenn Prinzipien durch das persönliche Mindset von Mitarbeitenden keine Unterstützung finden?

Keine gute Option ist es, die Prinzipien fallenzulassen. Also beispielsweise alles beim Alten zu lassen, statt Offenheit für Veränderung anzustreben. Oder Fehler unter den Tisch zu kehren, statt eine konstruktive Fehlerkultur zu etablieren. Was bleibt als Alternative? Die Alternative ist, eine Veränderung in dem Mindset, also der persönlichen Haltung der Mitarbeitenden anzustreben.

Mitarbeitende sollten demnach eine neue Haltung, also ein neues Mindset entwickeln, das es ihnen erlaubt, ihr Verhalten nach bestimmten Prinzipien auszurichten. Schauen wir uns an, was das konkret bedeutet und was ein Verfahren leisten muss, mit dem eine neue Haltung entwickelt werden kann.

Gehen wir zunächst davon aus, dass Mitarbeitende grundsätzlich bereit sind, für spezifische Prinzipien eine neue Haltung aufzubauen. Im Bezug auf unser Festessen könnte es ja sein, dass eine asketische Sportlerin mit einem sahnigen Tiramisu doch wieder etwas Genuss in ihr Leben bringen möchte. Genauso wäre es möglich, dass jemand wieder gerne Vertrauen fassen würde, um eine konstruktive Fehlerkultur zu ermöglichen. Oder ein anderer würde gerne die Haltung „Wer wagt, gewinnt" einnehmen, damit er leichter Entscheidungen treffen kann. Ein Verfahren zur Entwicklung eines neuen Mindsets muss sowohl die Persönlichkeit wie auch frühere Erfahrungen und die aktuelle Situation aller Mitarbeitenden berücksichtigen. Es muss möglich sein, die vielfältigen subjektiven emotionalen Bewertungen des Einzelnen im Bezug zu bestimmten Werten oder Regeln zu berücksichtigen. Weiterhin sollten die Mitarbeitenden die Möglichkeit haben, eigene Motivationsquellen zu erkennen und zu aktivieren. Sie sollten selbst herausfinden können, was für sie gut und richtig ist. Nur sie selbst können entscheiden, wie ihr Mindset konkret aussehen soll.

Hierbei gilt es einen besonderen Umstand zu berücksichtigen: Vieles von dem, was Menschen tun und wie sie sich verhalten, hat mit Vorgängen zu tun, die sich unterhalb der Bewusstseinsschwelle abspielen. Obwohl die Beweggründe nicht bewusst sind, beeinflussen sie die Haltung eines Menschen. Sie sind mitbestimmend für sein Verhalten und damit für die Zusammenarbeit im Team. Es verhält sich ähnlich wie beim Festmenü: Auch dort ist damit zu rechnen, dass manche Teilnehmende gewisse Lebensmittel nicht mögen und dies nicht bekannt ist. Dennoch können diese Abneigungen dem Erfolg des Festessens abträglich sein. Deshalb sollte man sich unbedingt die Mühe machen, sie herauszufinden. Nur dann sind die bestmöglichen Erfolgsaussichten für das Festessen gegeben. Gleiches gilt in der Teamarbeit. Die unbewussten Beweggründe sollten unbedingt erforscht werden und in ein neues Mindset einfließen. Ein Verfahren zum Aufbau eines gewünschten Mindsets sollte diese unbewussten Erwartungs- und Bewertungsprozesse adäquat miteinbeziehen.

Nun sollte man keineswegs davon ausgehen, dass alle Mitarbeitenden über die Bereitschaft verfügen, sich eine neue Haltung bezüglich der Prinzipien anzueignen. Wieso sollte sich ein überzeugter Veganer plötzlich zum Bratenliebhaber entwickeln? Genau die gleiche Situation stellt sich im Bezug auf die Werte und Handlungsleitlinien. Weshalb sollte jemand, der Veränderung nicht mag, Offenheit für Neues zeigen? Warum sollte ein anderer eine offene Fehlerkultur unterstützen, wo er doch diesbezüglich negative Erfahrungen gemacht hat? Das Verfahren für den Aufbau eines neuen Mindsets sollte demzufolge die Möglichkeit bieten, einen guten Umgang mit einer Situation zu finden, die jemand für sich persönlich subjektiv als negativ empfindet. Die Situation ist gegeben. Sie lässt sich vom Einzelnen nicht ändern. Doch diese Person sollte für sich eine neue Haltung finden können, mit der es ihr besser geht. Obgleich das Außen gleich bleibt, kann eine Person demgegenüber eine neue Haltung einnehmen. Das bedingt, dass die Mitarbeitenden in die Entwicklung des neuen Mindsets unbedingt aktiv einbezogen werden müssen. Ein neues Mindset lässt sich nicht einfach verordnen. Ein geeignetes Verfahren sollte es erlauben, dass alle aus ihren individuellen Blickwinkeln heraus eine Möglichkeit finden, die neuen Werte und Handlungsleitlinien positiv für sich zu bewerten.

Fassen wir zusammen: Für die Zusammenarbeit selbstorganisierter Teams sind folgende drei Aspekte essenziell:

- Mindset
- Prinzipien
- Methoden und Praktiken

Wesentlich dabei ist das Mindset. Es repräsentiert eine Haltung, quasi als Dach für verändertes Verhalten. Prinzipien können nur dann nachhaltig etabliert werden, wenn sie durch die jeweilige Haltung eines jeden Teammitglieds unterstützt werden. Es repräsentiert eine innere Verfassung im Einklang mit dem Wertesystem eines Menschen. Es sind die inneren Beweggründe für das Handeln einer Person. Damit stellt es auf persönlicher Ebene die Motivation für ein bestimmtes Verhalten bereit. Sofern es sich dabei um die Umsetzung der Prinzipien handelt, ergeben sich daraus positive Wirkungen auf die Zusammenarbeit im Team. Damit ist das agile Mindset ein entscheidender Baustein, der in zweifacher Hinsicht wirkt: zum einen auf die Motivation des Einzelnen und zum anderen auf die Qualität der Zusammenarbeit im Team.

Teamerfolg begründet sich demzufolge nicht mehr allein auf erlerntem Know-how, erworbenen Fähigkeiten und Fertigkeiten. Wesentlich sind Integrität, Kooperationsfähigkeit, Empathie, Offenheit, Entscheidungs- und Handlungsstärke und vieles mehr. Mit anderen Worten: die Persönlichkeit und die Haltung eines Menschen. Wird Persönlichkeit und Haltung zum kritischen Erfolgsfaktor, müssen sich Organisationen der Entwicklung und Förderung der Persönlichkeit sowie der Kompetenzen zum Selbstmanagement annehmen. Es geht nicht länger darum, dass Menschen als austauschbare Ressourcen eine Funktion wahrnehmen und entsprechende Aufgaben erledigen. Sie sind vielmehr „Mitdenker“, die ihre Eigenverantwortung, Autonomie und Entscheidungsstärke einbringen. Als solche sollten sie unterstützt und gefördert werden.

Es sind also Verfahren notwendig, mit denen Menschen ihre Fähigkeiten zum Selbstmanagement erweitern können. Es braucht geeignete Vorgehensweisen für die Entwicklung einer Haltung, die die Integration von Werten und Prinzipien in den Teamalltag unterstützt. Zweckmäßige Verfahren müssen folgende Anforderungen erfüllen (Adlmaier-Herbst, Storch, Storch & Breiter, 2018):

- Die Mitarbeitenden können ihre eigenen Motivationsquellen entdecken und aktivieren.
- Die vielfältigen subjektiven emotionalen Bewertungen bezüglich der Werte und Prinzipien werden berücksichtigt.
- Alle Mitarbeitenden können selbst herausfinden, wie ihr persönliches Mindset für sie aussieht.
- Unbewusste Bewertungsprozesse werden einbezogen.
- Frühere Erfahrungen mit Werten und Prinzipien werden berücksichtigt.
- Persönlichkeit und individuelle Situation fließen in das neue Mindset der Mitarbeitenden ein.
- Die Mitarbeitenden werden aktiv in die Entwicklung des Mindsets einbezogen. Das Mindset ist immer persönlich und kann nicht verordnet werden.
- Der Umgang mit einer als negativ empfundenen Situation wird erleichtert.

Diese Anforderungen an die Entwicklung eines persönlichen Mindsets werden durch das Zürcher Ressourcen Modell (ZRM) abgedeckt. Bevor wir uns dem ZRM zuwenden, möchte ich in Kapitel 1.2 eine Frage aufgreifen, für die ich Ihnen zuvor eine Antwort in Aussicht gestellt habe. Es ist die Frage nach den konkreten Prinzipien für eine erfolgreiche Zusammenarbeit. Das Wissen über diese Prinzipien ist nicht nur im Hinblick auf die Gestaltung der Teamarbeit wichtig. Es ist auch für das Mindset von großer Bedeutung. Warum? Das Mindset soll möglichst passgenau auf die vereinbarten Prinzipien mit ihren Werten und Regeln zugeschnitten sein. Das gelingt nur, wenn man sie kennt. Es verhält sich ähnlich wie bei dem Festessen: Es kann dann erfolgreich sein, wenn die Menüfolge mit den Gerichten zu den Vorlieben der Teilnehmenden passt. Nur wer beides kennt, kann es aufeinander abstimmen und das Festessen wird ein Volltreffer. Das Gleiche gilt für die erfolgreiche Teamarbeit. Hier sollte man mit den Prinzipien vertraut sein: zum einen, weil sich nur dann die Zusammenarbeit entsprechend gestalten lässt, zum anderen, weil sich nur so ein agiles Mindset passgenau für die konkreten Prinzipien entwickeln lässt. Schauen wir uns also an, welche Prinzipien für eine erfolgreiche Zusammenarbeit berücksichtigt werden sollten.

1.2. Welche Prinzipien das agile Mindset unterstützt

Für ein selbstorganisiertes Team sind folgende Prinzipien relevant. Sie sind in der nachfolgenden **Abbildung 1-4** blau eingefärbt.

Diese Prinzipien sind aus dem WeQ abgeleitet. Der WeQ beschreibt die Qualität des Zusammenwirkens der Mitglieder eines Teams. Er wurde von Gerald Hüther und Klaus-Dieter Dohne im Rahmen ihrer Arbeit als Vorstände der Gesellschaft für Potentialentfaltung entwickelt (Hüther, Müller & Bauer, 2018). Sie haben den WeQ in Anlehnung an den Intelligenzquotienten IQ entwickelt. Der IQ misst die kognitiven und analytischen Fähigkeiten von Einzelpersonen. Im Gegensatz dazu misst der WeQ die Leistungsfähigkeit eines Teams. Er stellt damit so etwas wie einen Intelligenzquotienten einer Gemeinschaft dar. Für die Entwicklung des WeQ wurden umfassende Studien durchgeführt und ausgewertet.

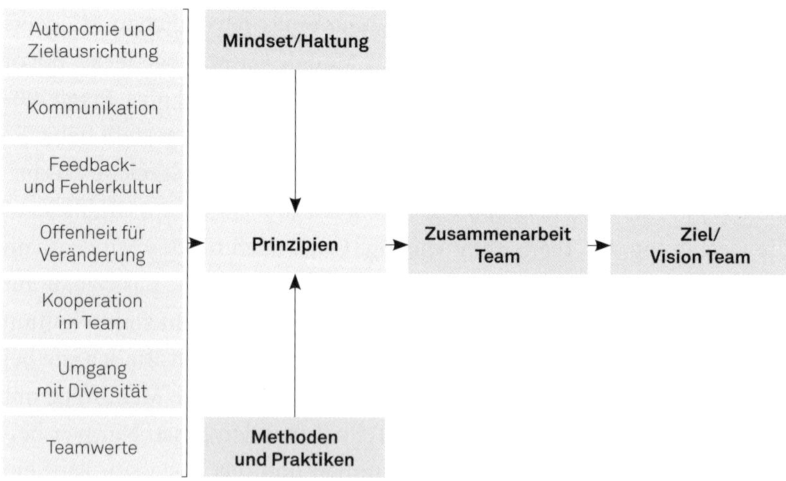

Abbildung 1-4: Prinzipien für gelingende Zusammenarbeit

Daraus konnten Hüther und Dohne die wesentlichen Faktoren für eine gelingende Zusammenarbeit identifizieren. Diese Faktoren bilden die Grundlage für die hier beschriebenen Prinzipien. Die Prinzipien gruppieren die WeQ-Faktoren in einer leicht veränderten Form, die für den betrieblichen Kontext geeigneter erscheint. Insgesamt handelt es sich um sieben Prinzipien, die wir uns nun anschauen werden. Diese Ausführungen sollen ein grundlegendes Verständnis der Inhalte vermitteln sowie typische Schwierigkeiten aufzeigen.

Autonomie und Zielausrichtung

Maßgebend für die Ziele eines Teams ist der Kunde. Letzten Endes sollte sich wahrscheinlich jede Aktivität eines Teams darauf ausrichten, dass sie einen Nutzen für den Kunden bringt. Hierfür ist hilfreich, seine Sichtweisen kennenzulernen, seine Bedürfnisse und Probleme zu verstehen. Alle im Team sollten die Zusammenhänge verstehen. Aus diesem Verständnis heraus können Produktvision sowie Projekt- oder Iterationsziele erarbeitet und formuliert werden. Alle im Team können dabei mitarbeiten und ihr Know-how, ihre Erfahrungen und ihre Ideen einbringen. In einem offenen Austausch und konstruktiven Dialog wird das Ziel gemeinsam erarbeitet, präzisiert und über die Art und Weise der Umsetzung entschieden.

Ein gemeinsames Ziel ist wichtig, da es den Aktivitäten des Teams eine Richtung gibt und Orientierung bietet. Ob ein Verhalten sinnvoll ist, kann nur im Bezug auf ein Ziel entschieden werden. Zudem verhindert ein Ziel das Abdriften in Partikularinteressen und ermöglicht Sinnerleben.

Für diese Zielausrichtung ist ein gewisser Grad an Autonomie im Sinne einer Entscheidungsfreiheit erforderlich. Hierfür benötigen alle im Team die Fähigkeit

- in Austausch miteinander zu gehen (alle nehmen ihre eigene Perspektive wahr, können sie reflektieren und artikulieren),
- des Zuhörens,
- eines sinnhaften Entscheidungsprozesses, um zu einer Entscheidung zu kommen.

Gleichzeitig ist das Vertrauen der Vorgesetzten unerlässlich. Vertrauen darauf, dass die gemeinsame Zielfindung und die anschließende Umsetzung in Eigenverantwortung gelingt. Funktioniert diese Form der Zielsetzung, wird das Ergebnis besser, da es den Input aller enthält. Jede und jeder hat Einfluss auf Inhalt und Ablauf des Vorhabens. Zudem steigt die Motivation, da Autonomie und Selbstwirksamkeit – zwei menschliche Grundbedürfnisse – berücksichtigt werden.

Die Befugnisse des Teams müssen klar geregelt sein. Es sollte eindeutig definiert sein, wer jeweils die erforderlichen Entscheidungen treffen darf. In Patricks Team war diese Zuständigkeit nicht klar geregelt. Dem Team war es nach einigem Hin und Her zwar gelungen, sich gegen die Auslieferung der App zu entscheiden. Doch es war nicht klar, ob es diese Entscheidung überhaupt autonom treffen durfte. Deshalb musste es den Teamleiter Patrick kontaktieren. Im Ergebnis traf er dieselbe Entscheidung, wie es das Team getan hätte. Ist die Entscheidungsinstanz ungeklärt, muss das Team mit Versuch und Irrtum herausfinden, was es entscheiden darf und was nicht. Das kostet Zeit, Ressourcen und kann zu emotionalem Leid führen. Reinertsen hat dies lapidar als „Entdeckung des unsichtbaren Weidezauns" beschrieben (Reinertsen, 1997). Ist die Entscheidungsinstanz ungeklärt, verhält sich ein Team wie Pferde auf einer Koppel mit einem unsichtbaren Weidezaun: Sie sehen die unsichtbaren Grenzen um sich herum nicht und rennen dagegen. Das ist unangenehm für sie. Also versuchen sie, es zu vermeiden. Nach jedem Zusammentreffen mit dem unsichtbaren Weidezaun verkleinern sie ihren Bewegungsradius und bleiben irgendwann einfach stehen. Einem Team kann es im Zeitablauf ähnlich ergehen: Niemand traut sich mehr, Entscheidungen zu treffen, da er negative Konsequenzen befürchten muss.

Kommunikation

Persönliche Kommunikation ist Basis für ein gemeinsames Verständnis. Viele denken in diesem Zusammenhang sofort an das bekannte Sender-Empfänger-Kommunikationsmodell (Storch & Tschacher, 2016). Es beschreibt, wie Kommunikation funktionieren soll: Der Sender einer Botschaft fasst seinen Gedanken in Worte und spricht sie aus. Die Schallwellen gelangen zum Empfänger, dieser decodiert sie und speichert sie ab. Dieses Modell besticht zwar durch seine Einfachheit, ist jedoch aus folgenden Gründen unzureichend:

1. Kommunikation ist immer bidirektional: Erinnern wir uns an den Schlagaustausch zwischen Fabienne und Sebastian. Sebastian ver-

drehte die Augen und holte tief Luft, während Fabienne sich darüber beklagte, dass das Entwicklungsteam wieder einmal die Anforderungen nicht richtig gelesen hätte. Damit ist klar: Kommunikation findet gleichzeitig und beidseitig statt.

2. Der Empfänger erzeugt die Bedeutung einer Botschaft: Sebastian interpretierte die Äußerung von Fabienne offenbar als Vorwurf. Er gab dem Satz „Ihr habt die Anforderung nicht richtig gelesen" eine Bedeutung. Diese Bedeutungsgebung machte er aufgrund seiner gedanklichen Erfahrungen und Erlebnisse. Offen ist, ob Fabienne diesen Satz tatsächlich als Vorwurf gemeint hat. Es gibt keine fixe Botschaft. Der Empfänger gibt dem Gesagten immer eine Bedeutung. Inhalt dieser Bedeutungsgebung ist für die Senderin nur bedingt vorhersehbar. Je besser man einen Menschen kennt, desto besser kann man einschätzen, wie das Gesagte auf den anderen wirkt. Wissen kann man es demnach nicht. Eine gelingende Kommunikation benötigt eine vertrauensvolle Beziehung.
3. Die Auswirkungen der Kommunikation sind relevant: Welche Bedeutung der Empfänger dem Gesagten gibt, lässt sich einzig aus dessen Reaktion ergründen. Sebastian empfand die Äußerung von Fabienne vermutlich als Vorwurf und fühlte sich angegriffen. Sein Verdrehen der Augen und das tiefe Luftholen lassen sich zumindest so interpretieren. Denn auch der Inhalt dieser Botschaft ist nicht eindeutig, sondern kann nur vermutet werden. Wesentlich bei der Kommunikation ist die beobachtbare Wirkung des Gesagten beim Empfänger, nicht die Absicht der Senderin.

Kommunikation sollte demzufolge ein Dialog im Sinne eines wechselseitigen, vertrauensvollen Austausches unterschiedlicher Perspektiven sein. Es braucht etwas Übung und Geduld, bevor diese Form des Umgangs miteinander Früchte trägt.

Feedback- und Fehlerkultur

Fabienne und Sebastian hatten offensichtlich sehr unterschiedliche Sichtweisen auf die fehlerhaft umgesetzte Anforderung. Das resultierte in einer heftigen Diskussion, die Sebastian schließlich mit den Worten „Ich sage jetzt nichts mehr" beendete.

Beiden ist es nicht gelungen, ihre individuellen Perspektiven und Bewertungen in dieser Sache dem jeweils anderen verständlich zu machen. Sie sahen sich in ihrem Standpunkt bedroht und fühlten sich angegriffen. Zudem erweckte die Äußerung von Fabienne bei Sebastian möglicherweise den Eindruck, ihn als Schuldigen an der misslichen Situation identifizieren zu wollen. So, als ob der den Fehler absichtlich gemacht hätte und als Einziger dafür verantwortlich wäre.

Fühlen sich Menschen bedroht, aktiviert das Gehirn das Stresssystem. Dann laufen einfache Notfallprogramme ab: Angriff, Flucht oder Erstarrung. Das Gehirn will der Gefahr entkommen. Der heftige Schlagabtausch hatte das Ziel, die eigene Sicherheit wieder herzustellen. Als sich dieser Weg als nicht erfolgreich erwies, wählte Sebastian einen anderen Weg: Mit seiner Ankündigung, nichts mehr zu sagen, entzog er sich der Diskussion und beendete sie gleichzeitig erfolgreich.

Dieses Beispiel zeigt, wie Irritation, Angst und Desorientierung die Kommunikation bestimmen können. Beide haben ihr Verhalten an Vermutungen über den anderen und dessen Äußerungen ausgerichtet. Eine gute Feedbackkultur zielt darauf ab, dass Fehler, Unstimmigkeiten und Störungen als etwas Normales angesehen werden. Sie liefert wertvolle Hinweise auf die Bedürfnisse der Teammitglieder. Sie ist ein mächtiges Instrument, um die Zusammenarbeit im Team konstruktiv zu verändern.

Alle sollten sich trauen können, ihre Bewertungen, Wahrnehmungen, Überlegungen und Ideen einzubringen, ohne deshalb negative Konsequenzen befürchten zu müssen. Das gilt auch für Fehler. Diese Art des gemeinsamen Umgangs erfüllt die Grundbedürfnisse nach Sicherheit und Kongruenz in der Begegnung. Amy C. Edmondson hat hierfür den Begriff der „psychologischen Sicherheit“ geprägt (Edmondson, 2020). Das Unternehmen Google hat diesen Aspekt empirisch überprüft. Unter Leitung von Erica Rozovsky wurde die Studie „Aristotle“ durchgeführt (Duhigg, 2016). Google wollte herausfinden, welche Faktoren von entscheidender Bedeutung für ein erfolgreiches Team sind. Es wurden 180 Teams aus verschiedenen Unternehmensbereichen im Hinblick auf verschiedene Kriterien wie Bildungsabschluss, Freundschaften, Hobbys und Persönlichkeitsmerkmale untersucht. Das Ergebnis bestätigte die Wichtigkeit der psychologischen Sicherheit: Am erfolgreichsten waren jene Teams, deren Mitglieder darauf vertrauen konnten, dass sie keinerlei negative Sanktionen zu befürchten hatten, völlig unabhängig davon, was sie sagten.

Offenheit für Veränderung

Patricks Team war durch die Umstellung auf agiles Arbeiten und den Weggang einiger Kollegen in eine völlig neue Situation geraten. Eric konnte sich mit der neuen Situation überhaupt nicht anfreunden. Er hing immer noch den guten alten Zeiten nach. Zudem hatte Patrick die Idee des Teams aufgegriffen, zeitweise im Homeoffice arbeiten zu dürfen. Das weckte Erics schlimmste Befürchtungen. Er wollte wenigstens ein Mindestmaß an Ordnung und Stabilität gewährleisten. Deshalb überzeugte er Patrick von der Notwendigkeit eines umfangreichen Regelwerks zum Thema Homeoffice und entwickelte es umgehend in Eigenregie. Die Reaktionen vom Team auf diese umfassenden Regeln reichten von wohlwollendem Verständnis und sichtlichem Befremden bis hin zu sarkastischen Bemerkungen.

Diese Konflikte im Bezug auf Veränderungen sind unvermeidlich. Einerseits soll etwas Neues erreicht werden, andererseits soll Bewährtes beibehalten werden. Aus einem Entweder-oder-Denken heraus ist dies ein Widerspruch. Dem liegt die Annahme zugrunde, dass ein Ziel nur auf Kosten des anderen zu erreichen ist. Doch sowohl dem Neuen wie auch dem Bewährten liegen wichtige Bedürfnisse zugrunde, die unbedingt im Sinne eines Sowohl-als-auch Denkens berücksichtigt werden sollten.

In den meisten Teams gibt es mindestens eine Person, die allem Neuen skeptisch gegenübersteht. Sie versucht, die Umsetzung von Verbesserungsideen zu verhindern. Neues und Unbekanntes lösen jedoch zwangsläufig Unsicherheit aus und reduzieren das Gefühl der Sicherheit. Das notwendige Maß an Sicherheit ist von Mensch zu Mensch verschieden. Das daraus resultierende Verhalten ist Ausdruck für das Bedürfnis nach Stabilität und Kontinuität. Dies sollte gewürdigt werden. Dennoch blockiert es natürlich Veränderungen. Es sollte im Team in wertschätzender Weise thematisiert werden. Das funktioniert, wenn alle bereit sind, eigene Überzeugungen, Werte und Grundhaltung zu hinterfragen, neue Ideen zu prüfen und Veränderung auszuprobieren. Gelingt dies, leistet der vermeintliche „Bremser" im Team einen wichtigen Input, der in den Dialog miteinander unbedingt einfließen sollte. Denn nicht alles Alte ist per se schlecht und muss verändert werden. In einem wechselseitigen Austausch im Team ist zu klären, mit welchem Maß an Offenheit die beabsichtigten Auswirkungen erreicht werden können und ob diese dazu beitragen, das gemeinsame Ziel zu erreichen.

Kooperation im Team

Hier steht die wechselseitige Kooperation hinsichtlich folgender Punkte im Mittelpunkt:
- Rollen- und Aufgabenteilung
- Arbeitsabläufe
- Schnittstellen nach innen und außen
- Unterstützung, wenn jemand allein nicht mehr weiterkommt
- Einhaltung von Absprachen
- Weitergabe relevanter Sachinformationen
- Integration neuer Teammitglieder

Gelingt die Kooperation im Team, entwickelt das Team ein starkes Gemeinschaftsgefühl und einen guten Zusammenhalt. Ein starkes Wirgefühl im Team birgt jedoch die Gefahr, dass sich das Team zu einem „Wohlfühlklub" mit viel Harmonie entwickelt und nicht mehr leistungsfähig ist.

Ein besonders wichtiger Aspekt im Hinblick auf die Kooperation ist Fairness im Sinne eines Ausgleichs zwischen Geben und Nehmen. In Patricks Team investieren die „alten Hasen" sehr viel Zeit und Energie in den Know-how-Aufbau der neuen Teammitglieder. Damit verbinden sie die nachvollziehbare Erwartung, dass diese schnellstmöglich in der Lage sind, den Unterhalt und die Erweiterung des bestehenden Programmcodes zu übernehmen. Der neue Entwickler im Team, Sebastian, erfüllt diese Erwartung nicht. Seit Monaten gelingt es ihm nicht, die Schnittstelle zur Buchhaltung erfolgreich zu erweitern. Das führt im Team zu zahlreichen Spekulationen über die Gründe. Sebastian sieht sich allerhand Vorwürfen ausgesetzt und fühlt sich als Buhmann. Offenkundig ist in diesem Punkt das Verhältnis zwischen Geben und Nehmen in Patricks Team nicht ausgeglichen. Wahrscheinlich gibt es kein objektives Kriterium für das richtige Maß. Das macht einen intensiven und ehrlichen Austausch über das empfundene Maß an Input und Output notwendig.

Umgang mit Diversität

Unterschiedliche Persönlichkeiten, Kompetenzen, Erfahrungen, Wissensbestände und kulturelle Werte bergen einen riesigen Schatz an Kreativität und Potenzial. Diesen Schatz zu heben, bedeutet wechselseitigen Austausch. Das ist zeit- und ressourcenintensiv und wird häufig als lästig empfunden.

In Patricks Team bekommt das insbesondere Sebastian zu spüren. In einer unausgesprochenen Übereinkunft diagnostizieren die anderen seine Herangehensweise als zu kompliziert und detailorientiert. Aus dieser Sicht ist Sebastians Herangehensweise ein Problem und keine Kompetenz. Mit einer solchen „Problembrille" ist es sehr schwer, in Situationen auf diese Kompetenz zurückzugreifen. Sie steht damit de facto nicht zur Verfügung – auch dann nicht, wenn genau diese komplizierte und detailorientierte Denkweise ideal zur Lösung einer bestimmten Situation beitragen könnte. Überaus geeignet wäre diese Herangehensweise beispielsweise für die Implementierung des Zugriffs auf ein Internet-Bankkonto. Dieser sollte nämlich exakt und zuverlässig mit genau definierten Berechtigungen ablaufen. Diese Funktion kann bestens von einer Person umgesetzt werden, die eine detailorientierte Denkweise favorisiert. Das Kunststück besteht darin, das „richtige" Maß an Vielfalt zu finden, um das individuelle und gemeinschaftliche Potenzial zu nutzen. Große Unterschiedlichkeit erschwert das gegenseitige Verstehen. Und große Ähnlichkeit hemmt die Kreativität.

Teamwerte

Werte und Normen sind Spielregeln für die Zusammenarbeit im Team. Sie ersetzen Vorgaben „von oben" und fest definierte Prozesse, bieten Orientierung und Sicherheit. Sie wirken wie Leitplanken, innerhalb derer sich alle frei bewegen können.

Ideal sind explizit vereinbarte und deklarierte Werte und Normen:

- Sie unterstützen den Aufbau von Vertrauen im Team. Ist beispielsweise „Verlässlichkeit" ein wichtiger Wert, resultiert daraus ein bestimmtes Verhalten: Alle sind während der Einführungsphase der Software verfügbar, zugesagte Termine werden eingehalten oder versprochene Arbeiten erledigt.
- Sie machen spürbar, was alle innerhalb des Teams miteinander verbindet. Damit ist das eigene Team von anderen Teams unterscheidbar. Beides fördert das Gemeinschafts- oder Wirgefühl des Teams.
- Gemeinsame Werte und Normen ermöglichen ein Gefühl der ausgeglichenen Balance zwischen Geben und Nehmen. Fairness ist vorhanden.

- Werte wirken sinnstiftend und motivierend. Blicken wir nochmals zurück auf die Situation in Patricks Team, in der es um die Auslieferung der Software ging. Reinhard sind Zuverlässigkeit und Glaubwürdigkeit sehr wichtig. Aus dieser Haltung heraus entscheidet er sich gegen die Auslieferung der Software, schließlich ist diese fehlerhaft. Zudem verfügt er über Mut und Optimismus. Diese beiden Werte unterstützen ihn in seiner Bereitschaft, dem Partnerteam die unangenehme Information zu überbringen.

Der Umgang mit Werten ist dagegen schwierig, wenn sie implizit vorausgesetzt und verdeckt sind. Diese Werte sind eine Selbstverständlichkeit. Sie sind allen so in Fleisch und Blut übergegangen, dass niemand im Team sie thematisiert. Für ein neues Teammitglied ist es deshalb schwer, diese Aspekte zu identifizieren und sich danach zu richten. Beispielsweise schätzen alle in Patricks Team eine pragmatische Vorgehensweise. Sebastians bevorzugter Arbeitsstil ist ein anderer: Er ist ein Perfektionist, geht immer sehr gründlich und detailorientiert vor. Dies wird von den anderen im Team ständig als falsch kritisiert und verurteilt. Hilfreicher wären ehrliches Feedback und der Austausch eigener Bewertungen. Auf diese Weise kann ein Team seine impliziten Werte offenlegen. Sind die Werte erst einmal transparent, können alle gemeinsam überprüfen, ob sie der Zielerreichung dienen. Die entscheidende Frage lautet: Unterstützt uns dieser Wert in der Erreichung unserer Ziele? Oder konkret am Beispiel: Gibt es einen pragmatischen Weg, damit die Schnittstelle zur Buchhaltung zum Laufen kommt? Oder ist es besser, den gesamten Code im Detail zu analysieren?

Jetzt kennen Sie die sieben Prinzipien einer selbstorganisierten Zusammenarbeit. Wie versprochen kommen wir nun zu dem agilen Mindset. Möglicherweise fragen Sie sich, wieso für die Umsetzung dieser Prinzipien eine neue Haltung, ein agiles Mindset, unbedingt notwendig ist. Wäre es nicht möglich, diese Prinzipien einfach so in die Tat umzusetzen? Könnten sich nicht alle im Team ein Prinzip aussuchen und ihr Verhalten kurzerhand danach ausrichten? Könnte Fabienne das Prinzip der Kommunikation nicht dadurch umsetzen, dass sie in stressigen Situationen einfach ruhig und gelassen bleibt? Könnte Sebastian dem Prinzip der Autonomie und Zielausrichtung nicht dadurch Rechnung tragen, dass er einfach zielstrebiger vorgeht? Das kann gelingen, muss aber nicht. Wie schwierig eine Verhaltensänderung sein kann, wissen alle, die schon einmal mit dem Rauchen aufhören, dreimal die Woche Sport treiben oder fünf Kilogramm abnehmen wollten. Offensichtlich ist es häufig nicht ausreichend, sich etwas bewusst vorzunehmen. Denn der bewusste Verstand ist nicht die einzige Instanz im Gehirn, die über das Verhalten entscheidet. Es gibt ein zweites Gedächtnissystem, das die Handlungen eines Menschen maßgeblich mitbestimmt: das Unbewusste. Unbewusste Bewertungs- und Erwartungsprozesse bestimmen neben dem bewusst gefassten Vorsatz das Verhalten eines Menschen. Nur wenn beide Gedächtnissysteme synchronisiert sind, bestehen die besten Voraussetzungen für eine leichte und zuverlässige Verhaltensänderung. Wie gelingt diese Synchronisation der beiden Systeme? Hier kommen das ZRM und das Mindset ins Spiel. Ein zentraler Punkt im ZRM ist die Synchronisation von bewusstem Verstand und Unbewussten. Daraus resultiert eine geeignete Haltung. Diese repräsentiert eine innere Verfassung, in der beide Gedächtnissysteme hinsichtlich des gewünschten Verhaltens aufeinander abgestimmt sind. Schauen wir uns als Nächstes an, was es mit einem agilen Mindset in der ZRM-Terminologie auf sich hat und auf welchem theoretischen Hintergrund es beruht.

1.3. Das agile Mindset im ZRM

Das Zürcher Ressourcen Modell (ZRM) ist ein Selbstmanagementtraining, das von Dr. Maja Storch und Dr. Frank Krause an der Universität Zürich entwickelt wurde. Ursprünglich wurde es für Lehrkräfte konzipiert. Heute wird es jedoch von vielen verschiedenen Berufsgruppen aus zahlreichen Bereichen eingesetzt. Das ZRM ist ein ganzheitlicher Ansatz, der Gedanken, Gefühle und Körperarbeit miteinbezieht. Es vereint Ansätze aus Psychoanalyse, Motivationspsychologie und Neurowissenschaften. Das Basisbuch zum ZRM bietet einen umfassenden Einblick in die Methode und liegt mittlerweile bereits in der 6. Auflage vor (Storch & Krause, 2017). Zudem werden laufend ZRM-Zertifikatslehrgänge durch das Institut für Selbstmanagement und Motivation in Zürich – ein Spin-off der Universität Zürich unter Leitung von Maja Storch – durchgeführt.

Im ZRM ist der Begriff des Selbstmanagements zentral. Dabei geht es um die Anleitung zur besseren Selbststeuerung, also um die „Fähigkeit,

Entscheidungen zu treffen, eigene Ziele zu bilden und sie gegen innere und äußere Widerstände umzusetzen" (Kuhl, 2004, S. 30). Die Vorgehensweise im ZRM soll es allen ermöglichen, selbstständig zielgerichtet zu handeln und möglichst aktiv und eigenständig ihre Ziele zu erreichen.

Das ZRM beruht auf der Grundlage, dass jeder Mensch über die Ressourcen verfügt, die er zur Erreichung seiner Ziele benötigt. Demnach geht es beim Selbstmanagement darum, diese Ressourcen zu entdecken, zu aktivieren und anzuwenden. Je besser das gelingt, desto leichter kann das eigene Potenzial abgerufen und in Leistung umgesetzt werden (Storch, 2003). Mit dem ZRM-Training sollen die Teilnehmenden befähigt werden, die beiden Funktionssysteme des Gehirns, den Verstand und das Unbewusste, so zu nutzen, dass sie tun können, was sie wollen. Das Wissen um die beiden Gedächtnissysteme beruht unter anderem auf der wissenschaftlichen Arbeit von Julius Kuhl. Er hat die Theorie der Persönlichkeits-System-Interaktion, kurz PSI-Theorie, entwickelt (Kuhl, 2001).

Weiterhin nutzt das ZRM Forschungsergebnisse aus der Neurobiologie. Aus neurobiologischer Sicht ist alles eine Ressource, was dazu geeignet ist, erwünschte neuronale Erregungsmuster zu erzeugen, zu aktivieren oder zu verstärken. Was heißt das konkret? Ressourcen im neurobiologischen Sinne sind beispielsweise motivationale Bereitschaften, Ziele, Wünsche, Abneigungen, Interessen, Überzeugungen, Werthaltungen, Geschmack, Einstellungen, Wissen, Bildung, Fähigkeiten, Gewohnheiten, Interaktionsstile, physische Merkmale wie Aussehen, Kraft, Ausdauer und vieles mehr (Grawe, 1998; Storch & Krause, 2014).

ZRM bindet bewusste Motive wie unbewusste Bedürfnisse einer Person ein. Verstand und Unbewusstes sind die beiden grundlegenden Gedächtnissysteme dafür. Der Verstand ist für alles Rationale zuständig und äußert sich in sprachlicher Form. Das Unbewusste drückt seine Reaktion auf Wahrnehmungen durch diffuse Gefühle aus. Für den Umgang mit Gefühlen kann das Konzept der somatischen Marker von Antonio Damasio (2001, 2006) genutzt werden. „Soma" kommt aus dem Griechischen und bedeutet „Körper". Weil diese Körpersignale eine Sache als gut oder schlecht kennzeichnen, hat Damasio den Begriff „Marker" gewählt. Demzufolge werden emotionale Erfahrungen sowohl im Gehirn als auch im Körper gespeichert. Bei ähnlichen Erlebnissen werden diese Erinnerungen erneut aufgerufen und können Entscheidungen beeinflussen.

Somatische Marker können durch Bilder ausgelöst werden. So werden die gespeicherten emotionalen Erfahrungen abgerufen. Durch diese Projektionsmethode werden Inhalte des Unbewussten durch Bilder sichtbar gemacht und stehen einer Weiterarbeit zur Verfügung. Die Grundlage für dieses Vorgehen bildet die Multiple-Code-Theorie von Wilma Bucci (Storch, Cantieni, Hüther & Tschacher, 2010).

Kernstück des ZRM ist der Rubikon-Prozess. Er beschreibt die Phasen, die durchlaufen werden, bevor eine Absicht in Handlung umgesetzt wird. Der Rubikonprozess basiert auf dem Modell der Handlungsphasen, das von den beiden Motivationspsychologen Heckhausen und Gollwitzer entwickelt wurde (Heckhausen & Gollwitzer, 1987). Das Rubikon-Modell ist empirisch gut belegt. Es bietet eine Übersicht über die Stufenfolgen für zielrealisierendes Handeln. Das Modell zeigt den Weg eines Handlungsziels im Zeitverlauf. Taucht ein Wunsch im Bewusstsein auf, muss er verschiedene „Reifestadien" durchlaufen, bevor sein Besitzer so weit mobilisiert, motiviert und aktiviert ist, dass der Wunsch zum Ziel geworden ist. Dann kann der Wunsch mit Willenskraft und nachhaltig verfolgt und aktiv in Handlung umgesetzt werden (Gollwitzer, 2012).

Heckhausen und Gollwitzer wählten den Begriff des Rubikons in Anlehnung an die Geschichte von Julius Cäsar. Dieser schlug im Jahr 49 vor Christus mit seinen Truppen eine Lagerstadt an den Ufern des Rubikons auf und durchlief dort den Wechsel von einem Prozess des Abwägens hin zu einem Wollen. Der Rubikon war damals ein Grenzfluss in Oberitalien. Der Senat in Rom hatte verboten, dass Feldherren mit ihren Truppen ihn überschritten. Warum? Um sich vor einem Militärputsch zu schützen. Der Senat fürchtete, dass Feldherren ihre Truppen nach Rom marschieren ließen, um die Macht an sich zu reißen. Um das zu verhindern, entschied er: Kein Feldherr darf mit seinen Truppen den Rubikon überschreiten. Sobald er das tut, wird er zum Staatsfeind. Cäsar hatte genau das vor. Er wollte mit einem Militärputsch den Senat entmachten und sich selbst zum Kaiser einsetzen. Das bedeutete für ihn eine riskante Entscheidung, denn er war ein geachteter Feldherr. Sobald er den Rubikon überquert hätte, wäre er Staatsfeind geworden. Sehr risikoreich! Er überlegte: Soll ich jetzt den Rubikon überschreiten oder lasse ich es lieber? Wie gehe ich mit den Risiken um? Was kann passieren? Er wog Chancen und Risiken ab und bedachte mögliche Konsequenzen. Und auf einmal ging in ihm etwas vor sich, das ihn zu dem berühmten Satz veranlasste:

„Alea iacta est" – der Würfel ist gefallen! Damit ist gemeint: Es ist unwiderruflich. Daraufhin überschritt er den Rubikon.

Die Rubikon-Metapher wurde gewählt, da sie zwei grundlegende Fragen der Motivationspsychologie versinnbildlicht: die Wahl von Handlungsalternativen auf der einen Seite und die Realisierung dieser Ziele auf der anderen Seite. Oder anders formuliert: Welche Phasen muss ein Wunsch durchlaufen, bevor er effektiv in zielrealisierende Handlung umgesetzt wird?

Bei dem Rubikonmodell handelt es sich um ein vierstufiges Modell. Es beginnt mit dem Motiv und endet mit der Handlung. Der Begriff des Motivs ist jedoch noch nicht präzise genug, um ihn in der Praxis tatsächlich anwenden zu können. Er ist definiert als Quelle von Wünschen. Woher diese Quelle die Wünsche bezieht, bleibt in diesem Modell offen. Um diesen Punkt zu präzisieren, haben Maja Storch und Frank Krause das Rubikon-Modell um eine weitere Phase am linken Rand ergänzt (Storch & Krause, 2014): Sie haben die unbewussten Bedürfnisse hinzugefügt.

Die **Abbildung 1-5** zeigt die verschiedenen Phasen des Rubikon-Prozesses, wie er im ZRM-Training durchlaufen wird. Er beginnt im Unbewussten. Sofern ein Wunsch noch unbewusst ist, wird er im ZRM als Bedürfnis bezeichnet. Sobald er bewusst geworden ist, spricht das ZRM von Motiv. Ein Motiv ist bewusst verfügbar. In dieser Phase wird der Wunsch nur gewollt und noch nicht beabsichtigt. Ein typisches Beispiel dafür sind die guten Vorsätze an Neujahr: Sie befinden sich häufig in diesem Reifestadium und werden meist nach einer Weile nicht mehr weiterverfolgt. Damit die Wahrscheinlichkeit steigt, dass ein Wunsch in zielrealisierende Handlung umgesetzt wird, muss das Motiv den innerpsychischen Rubikon überqueren: Es muss zu einer Intention werden. Eine Intention ist mit starken positiven Gefühlen verbunden. Ein Gefühl des Wollens und einer starken Entschlossenheit stellt sich ein. Hat sich diese gefühlsmäßige Verfassung bei einer Wunschbesitzerin oder einem Wunschbesitzer

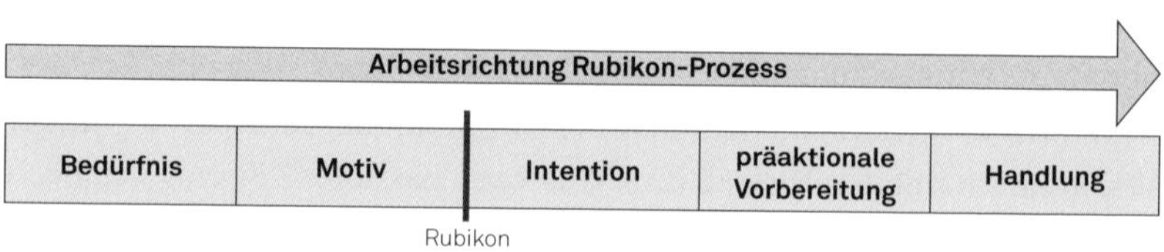

Abbildung 1-5: Rubikon-Prozess

eingestellt, wird das im ZRM dahingehend bewertet, dass unbewusste und bewusste Bedürfnisse synchronisiert sind. Der Rubikon ist überschritten. Es ist intrinsische Motivation für die Umsetzung des Wunsches vorhanden. Ist der Wunsch zu einer Intention geworden, gelingt es Menschen bereits häufig, zielrealisierend zu handeln. Gelingt das noch nicht, können unerwünschte Automatismen vorhanden sein. Diese werden durch einen Reiz unterhalb der Bewusstseinsschwelle ausgelöst und aktiviert. Um diese unerwünschten Automatismen zu unterbinden, ist die Phase der präaktionalen Handlung vorgesehen. Das bedeutet, dass vor der eigentlichen Handlung noch einiges vorbereitet werden muss. Ziel dieser Phase ist das Stoppen und Umlernen alter Automatismen. Ist diese Phase erfolgreich abgeschlossen, steht der Umsetzung des Wunsches, also dem zielrealisierenden Handeln nichts mehr im Wege.

Was im Rubikon-Prozess als Intention bezeichnet wird, ist in der IT-Terminologie ein agiles Mindset. Es ist neben den Prinzipien sowie den Methoden und Praktiken der zentrale Aspekt für eine erfolgreiche Zusammenarbeit im Team. Was genau ist eine Intention oder ein Mindset, wie wir es bezeichnen? Wie lässt es sich erklären, dass damit intrinsische Motivation sichergestellt wird? Um für diese Fragen eine Antwort zu finden, schauen wir uns die Rubikon-Überquerung genauer an.

Übergang über den Rubikon

Auf der linken Seite des Rubikons befinden sich Bedürfnisse und Motive. Hier geht es darum, zwischen verschiedenen Wünschen und Absichten abzuwägen und sich ein Ziel zu setzen. Demzufolge ist auf dieser Seite des Rubikons der Aspekt des Wählens zentral. Sobald der Abwäge- und Suchprozess abgeschlossen ist und sich ein Gefühl des Wollens eingestellt hat, befindet man sich auf der rechten Seite des Rubikons. In der Terminologie des Rubikon-Prozesses hat man eine Intention gebildet: Man ist fest entschlossen, die gefasste Absicht in die Tat umzusetzen. Dieses Ziel ist ausgesprochen erstrebenswert, anziehend und von angenehmen Gefühlen begleitet.

Die wissenschaftliche Grundlage für die Rubikon-Überquerung findet sich in den Ergebnissen der Zielpsychologie. Sie beschäftigt sich mit der Frage, wie Ziele formuliert werden müssen, damit sie handlungswirksam sind. Diese Erkenntnisse sind für uns wesentlich. Denn wir benötigen eine Zielformulierung, die eine gewünschte Haltung, also ein geeignetes Mindset für die Umsetzung von Werten und Prinzipien beschreibt. Auf Basis dieser Haltung sollten sie möglichst sicher im Teamalltag umgesetzt werden. Wie muss eine Absicht formuliert sein, damit sie eine Person möglichst zuverlässig dazu veranlasst, sich zielstrebiger zu verhalten, offener oder autonomer zu sein?

S.M.A.R.T-Ziel

Nach gängiger Meinung sollten Absichten oder Ziele so konkret wie möglich formuliert sein. Ein bekanntes Beispiel für diese Form der Zielformulierung sind S.M.A.R.T-Ziele. Demnach müssen Ziele *s*pezifisch, *m*essbar, *a*ttraktiv, *r*ealistisch und *t*erminierbar sein. Entsprechen Ziele diesen Kriterien, haben sie optimale Erfolgsaussichten. Dies wiesen die beiden Arbeitspsychologen Locke und Latham (1990) im Rahmen der Zielsetzungstheorie mehrfach empirisch nach. Locke und Latham betonen diese Kriterien immer wieder, da sie darin die Abgrenzung zu den sogenannten Do-your-best-Zielen sehen. Diese beschreiben das gewünschte Verhalten von Mitarbeitenden in allgemeiner Form. Typische Ziele dieser Art sind „Du sollst offen für Neues sein!“, „Zeig mehr Zielstrebigkeit!“ oder „Sei gelassen und reg dich nicht auf!“. Diese pauschalen Anweisungen sollten Mitarbeitende dazu veranlassen, ihre Arbeit bestmöglich zu erledigen respektive in unserem Fall definierte Werte und Prinzipien optimal umzusetzen. Offen bleibt dabei, was konkret zu tun ist. Mehr Zielstrebigkeit zeigen, das liegt auf der Hand. Doch was bedeutet es konkret? Geht es darum, sich nur noch um seine eigenen Aufgaben zu kümmern? Soll mehr Programmcode geschrieben werden? Oder bezieht es sich auf die Anzahl korrigierter Fehler in der Software? Je komplizierter die Aufgabe, desto unklarer bleibt, was genau zu tun ist. Seit Locke und Latham ist bekannt, dass Mitarbeitende besser arbeiten, wenn sie über präzise Vorgaben verfügen, die exakt beschreiben, was sie tun sollen. „Ich möchte, dass du zehn Testfälle bis Ende der Woche beschreibst“, diese Zielbeschreibung ist spezifisch, messbar, realistisch und terminiert. Ob sie für die Mitarbeiterin oder den Mitarbeiter attraktiv ist, lässt sich nicht beurteilen.

Schauen wir an, was es bedeutet, wenn ein Ziel spezifisch und konkret ausformuliert sein sollte und welche Implikationen sich daraus für Zielformulierung der Werte und Prinzipien ergeben. Hierfür sind drei

Aspekte von Belang: Aufgabentyp, Goal-Commitment und Zielkonflikte (Storch, 2010).

Aufgabentyp

Einfach strukturierte Aufgaben eignen sich am besten für spezifische Ziele. In seiner ersten Publikation beschreibt Latham sehr schön, was man sich darunter vorstellen kann (Latham & Kinne, 1974). Damals wirkte er an einem Projekt der American Pulpwood Association mit. Er sollte dafür sorgen, dass sich die Anzahl der gefällten Bäume pro Tag erhöhte. Also gab er den Holzfällern eine ambitionierte, konkrete Anzahl von Bäumen vor, die sie jeden Tag fällen sollten. Dieses hohe und spezifische Ziel erhöhte tatsächlich die Anzahl gefällter Bäume. Das Ergebnis lässt sich gut auf andere Bereiche übertragen. Hohe und spezifische Ziele führen zu einer Leistungssteigerung, sofern es sich um einfache strukturierte Aufgaben handelt. „Führt jeden Tag ein 15-minütiges Statusmeeting durch", „Schätze jede Anforderung mit dem Planing Poker[2]", „Zeige nach jedem Sprint die neu programmierten Funktionen der Software", diese Anweisungen beschreiben klar, was zu tun ist. Ob es sich um hohe, sprich ambitiöse Ziele handelt, sei dahingestellt. Spezifische Ziele können dann zu einer Leistungssteigerung führen, wenn Methoden bekannt sind, die in sinnvoller Weise angewendet werden können. Ist jedoch nicht von vornherein klar, was zu tun ist, sind sie keine geeignete Form der Formulierung. Das ist bei den Themen Werte und Prinzipien der Fall: Hier ist nicht von vornherein klar, wie „richtiges Handeln" aussieht. Dennoch finden sich immer wieder Formulierungen in der Art:

- Wert Offenheit: „Stehe allen neuen Informationen offen gegenüber und integriere sie in deinen Alltag."
- Wert Selbstverpflichtung: „Handle immer selbstverantwortlich und mache dir bewusst, dass du diese Aufgabe freiwillig übernommen hast."
- Wert Fokus: „Konzentriere dich während des Sprints auf deine eigenen Aufgaben."

Diese Ziele sind zwar spezifisch, für diese Themen jedoch nicht geeignet. Weshalb? Weil die Umsetzung von Werten und Prinzipien ein komplexes

2 **Planning-Poker** ist eine einfache, spielerische Form zur Schätzung des Realisierungsaufwands in IT-Entwicklungsteams.

Unterfangen ist. Wie sieht „richtiges Verhalten" hinsichtlich der Werte aus? Was ist konkret zu tun, damit die genannten Prinzipien korrekt umgesetzt werden? Das lässt sich schwer in konkrete und allgemeingültige Handlungsanleitungen fassen. Für komplexe Aufgaben sind spezifische Ziele nicht geeignet. Handelt es sich dagegen um einfache Aufgaben, bieten spezifische Ziele eine gute Möglichkeit für eine Leistungssteigerung.

Goal Commitment

Damit spezifische Ziele tatsächlich zu einer optimalen Leistung führen, muss eine Grundvoraussetzung gegeben sein. Locke und Latham haben das immer wieder betont. In der Praxis gerät sie jedoch oft in Vergessenheit. Sie lautet: Die Person, die das Ziel umsetzen soll, muss dafür motiviert sein. Sie muss sich innerlich verpflichtet fühlen, dieses Ziel zu erreichen. Dieser Aspekt wird in den SMART-Zielen sehr wohl adressiert: Attraktiv soll das Ziel sein. Offen bleibt jedoch, wie ein Ziel beschaffen sein muss, damit sich jemand dazu verpflichtet fühlt. „Zeige nach jedem Sprint die neu programmierten Funktionen der Software", Zielformulierungen dieser Art lösen bei kaum jemand Begeisterung aus. Sie sind emotional relativ neutral. Sie werden häufig lediglich mit einem resignierten Seufzen kommentiert und als leidige Pflichtübung empfunden.

Zielkonflikte

Spezifische Ziele lassen mögliche Zielkonflikte unberücksichtigt. Das gilt nicht nur für bewusste Zielkonflikte, sondern auch für unbewusste. Dem Handeln eines Menschen liegen oft Vorgänge zugrunde, die gar nicht in sein Bewusstsein dringen. Diese unbewussten Aspekte bleiben in der Theorie der Zielsetzung von Locke und Latham außen vor.

Halten wir fest: SMART-Ziele sind geeignet, wenn

- einfach strukturierte, ergebnisbezogene Aufgaben umgesetzt werden sollen,
- intrinsische Motivation vorhanden ist, also die Person einen Sinn in diesem Ziel sieht und es umsetzen möchte,
- weder bewusste noch unbewusste Zielkonflikte bestehen.

Damit ist klar: Konkret formulierte Ziele sind offensichtlich nicht geeignet, um die Umsetzung von Werten und Prinzipien sicherzustellen. Eine einfache Arbeitsanweisung beschreibt nicht ausreichend, wie ein Wert oder Prinzip umgesetzt werden soll. Ungeklärt ist, ob eine Person diese Werte und Prinzipien überhaupt sinnvoll findet. Zielkonflikte werden nicht adressiert, sind aber sehr wahrscheinlich vorhanden. Insbesondere dann, wenn mehrere Werte gleichzeitig berücksichtigt werden sollen.

Die Frage nach einer geeigneten Art und Weise der Zielformulierung für Werte und Prinzipien ist nach wie vor offen. Wie kann ein Ziel formuliert werden, das eine Haltung beschreibt, die zur Umsetzung von Werten und Prinzipien führt? Wie lässt sich dieses Mindset formulieren, das intrinsische Motivation sicherstellt, Sinnerleben erzeugt und den Anstoß für eine Einstellungsänderung gibt? Eine Zielformulierung, die diesen Kriterien genügt, wird zum entscheidenden Faktor für die Umsetzung der Werte und Prinzipien mit optimalen Erfolgsaussichten. Sie ermöglicht die Überquerung des Rubikons.

Motto-Ziel

Im Rahmen des ZRM wurde hierfür ein eigener Zieltyp entwickelt: das Motto-Ziel. Dabei handelt es sich um persönlich gebildete Metaphern, die eine gewünschte innere Haltung beschreiben. Bei der Konzeption von Motto-Zielen sind folgende Überlegungen und Grundlagen eingeflossen (Storch, 2010):

- Einbezug von bewussten und unbewussten Gedächtnissystem: PSI-Theorie
- verschiedene Zielebenen
- Affekte und Motivation
- sprachliche Form von Zielen: Informations-Codes nach Bucci

Lassen Sie uns einen Exkurs zu diesen Themen machen. Sie erhalten damit spannende Informationen über die Funktionsweise des Gehirns und erfahren, wie dort Motivation entstehen kann.

Bewusstes und unbewusstes Gedächtnissystem und die PSI-Theorie
Motivation ist die Abweichung eines angestrebten Sollzustandes von einem Istzustand. Sie liefert Energie für das Verhalten, hilft Barrieren auf dem Weg zum Ziel beiseitezuräumen und stellt in schwierigen Zeiten Ausdauer zur Verfügung. Bei extrinsischer Motivation bezieht sich der

Sollwert auf ein konkretes Ziel oder Ergebnis. Das kann eine Belohnung sein, wie beispielsweise Lob, Anerkennung oder Bezahlung. Oder es ist die Vermeidung einer Bestrafung, wie etwa Kritik oder Ablehnung. Dagegen liegt bei intrinsischer Motivation der Handlungsanreiz in der Tätigkeit selbst. Maßgebend hierfür sind beispielsweise allgemeiner Erkenntnisgewinn, inneres Wachstum oder persönliche Entwicklung.

Die Theorie der Persönlichkeits-System-Interaktion, kurz PSI-Theorie (Scheffer & Kuhl, 2006), geht davon aus, dass Menschen über vier psychische Systeme verfügen, deren Wechselspiel das Verhalten regelt. Für extrinsische Motivation ist das analytische Absichtsgedächtnis (AG) zuständig. Das Extensionsgedächtnis (EG) ist verantwortlich für intrinsische Motivation. Die beiden anderen Funktionssysteme, das Objekterkennungssystem und die intuitive Verhaltenssteuerung, sind für diese Unterscheidung nicht relevant. AG und EG befinden sich in verschiedenen Gehirnstrukturen (Hüther, 2010). Mithilfe von bildgebenden Verfahren wie MRT (Abkürzung für Magnetresonanztomografie) lassen sich beide Systeme sichtbar machen. Neurologisch sitzt das Absichtsgedächtnis im präfrontalen Cortex, direkt hinter der Stirn. Das EG gehört aus Sicht der Evolution einem sehr alten Hirnareal an, dem limbischen System. Dort „entstehen" Affekte, Gefühle, Motive, Handlungsziele, Empathie und Wertvorstellungen. Es ist somit diejenige Instanz, die weitgehend die Persönlichkeit eines Menschen bestimmt (Roth & Ryba, 2016).

Das Absichtsgedächtnis bezeichnen wir umgangssprachlich als den Verstand. Er ist für Logik, Objektives und Abstraktes zuständig. Er versetzt Menschen in die Lage, sich Ziele zu setzen. Dieses Gedächtnissystem entwirft Pläne und sorgt dafür, dass diese erst dann umgesetzt werden, wenn sie sorgsam und gründlich durchdacht sind. Menschen, die mit Vorliebe den Verstand benutzen, werden durch fortlaufendes Feedback motiviert und wissen gerne genau, wo sie im Bezug zum gesetzten Ziel stehen. Prozesse des Absichtsgedächtnisses sind langsam und bewusst. Sie sind an keine intensiven Affekte gekoppelt. Wenn jemand mit dem Verstand arbeitet, befindet er sich in einer nüchternen, sachlichen Stimmung. Der Verstand hat die Möglichkeit, in die Zukunft zu denken. Damit kann er Probleme bereits bearbeiten, obwohl sie nur in der Vorstellung existieren und noch gar nicht aktuell sind.

Das EG bindet Gefühle und Erfahrungen in eine Handlung ein. Menschen, die dieses System oft benutzen, wollen durch Erfahrung innerlich wachsen, differenzierter werden und Dinge als Ganzes begreifen, ein Gefühl für Wahrheit und Sinnhaftigkeit entwickeln. Das EG ist ein umfassendes Netzwerk aller autobiografischen Erfahrungen, Bedürfnisse, Motive, Befindlichkeiten, Werte und Normen einer Person. Im Gegensatz zum Absichtsgedächtnis ist es mit vielen Gehirnbereichen vernetzt und eng an das autonome Nervensystem gekoppelt. Deshalb ist es möglich, dass ein Reiz, wie beispielsweise das Musikstück „I will always love you" von Whitney Houston, sofort die Erinnerung an die große Liebe auslöst. Die umfassende Vernetzung des EG ermöglicht die gleichzeitige Verarbeitung vieler Parameter komplexer Entscheidungssituationen. Die Prozesse dieses Gedächtnissystems arbeiten rasend schnell unterhalb der Bewusstseinsschwelle.

Wie wir gesehen haben, liegt bei extrinsischer Motivation der Anreiz außerhalb einer Tätigkeit. Hierfür ist das Absichtsgedächtnis als ziel- und ergebnisorientiertes System zuständig. Demzufolge wird dieses Gedächtnissystem durch die hohen und spezifischen Ziele nach Locke und Latham aktiviert. Das erklärt, warum diese Ziele meist keine große gefühlsmäßige Reaktion auslösen: Die Affektlage des Absichtsgedächtnisses ist nüchtern und neutral. Wenn das Absichtsgedächtnis Ziele bilden möchte, die intrinsische Motivation benötigen, muss es das EG involvieren. Dieser Dialog zwischen Absichts- und Extensionsgedächtnis bedeutet eine Synchronisation bewusster und unbewusster Anteile der Motivstruktur eines Menschen. Sofern eine Person ein Ziel nur mit dem Absichtsgedächtnis bearbeitet, geschieht dies unabhängig von dessen emotionaler Bewertung. Konkrete und spezifische Ziele kennt das EG nicht, es arbeitet mit allgemeinen Zielen. Scheffer und Kuhl bezeichnen sie als persönlichen Zielkorridor (Scheffer & Kuhl, 2006). Maßgebend für diese Ziele sind soma-affektive Signale, sogenannte somatische Marker. Sie sind Navigationshilfen des EG, um die Suche nach Handlungsoptionen im riesigen Netzwerk potenziell relevanter Erfahrungen zu ermöglichen. Die gefühlsmäßige Komponente der somatischen Marker beschreibt einfache Affekte, sogenannte Basalaffekte. Das sind keine ausdifferenzierten Emotionen, sondern einfach eine duale Bewertung in gut/schlecht respektive aufsuchen/vermeiden. Diese Basisaffekte bezeichnen wir umgangssprachlich als Intuition oder Bauchgefühl. Letzteres ist missverständlich, da sich dieses Gefühl keineswegs nur auf den Bauch beschränkt. Es kann im ganzen Körper auftreten. In Redewendungen wird das deutlich. Beispielsweise sprechen wir von Druck auf den Schultern, Enge in der Brust oder einem Gefühl von Leichtigkeit im ganzen Körper.

Abbildung 1-6 zeigt die motivationsrelevanten Eigenschaften des AG und EG.

Personen, die ihre somatischen Marker nicht wahrnehmen, haben keinen Zugang zu den Bewertungen ihres Extensionsgedächtnisses. Sie können nicht überprüfen, ob die Absichten und Ziele ihres Absichtsgedächtnisses mit den Erfahrungen und Wertvorstellungen des EG übereinstimmen. Dadurch besteht die Gefahr, dass diese Personen fremde Zielvorstellungen ungeprüft übernehmen.

Bei Personen, die ihre somatischen Marker wahrnehmen, kann sich ein Gefühl der inneren Zerrissenheit einstellen. Das tritt auf, wenn ein Widerspruch zwischen dem beabsichtigten Ziel aus dem AG und der somato-affektiven Bewertung des EG besteht. Wer nicht weiß, wie er diese Diskrepanz auflösen kann, muss sich für eine der beiden Varianten entscheiden: Entweder man folgt der Bewertung des Erfahrungsgedächtnisses und gibt das Ziel seines Absichtsgedächtnisses auf. Man tut etwas Unvernünftiges. Oder man übergeht sein Erfahrungsgedächtnis und tut das, was das Absichtsgedächtnis möchte. Die Vernunft siegt. Man zwingt sich dazu, etwas zu tun, das man nicht möchte.

Von großer Bedeutung ist die Tatsache, dass das Absichtsgedächtnis, also der Verstand, nur wenige direkte Verbindungen zum Erfahrungsgedächtnis hat. Umgekehrt sind die Verbindungen ungleich stärker, sodass das EG die bewussten Ebenen stark beeinflusst. Das erklärt, warum vernünftige Vorsätze und Ziele allein nicht in der Lage sind, einen

	Absichtsgedächtnis	Erfahrungsgedächtnis
Verarbeitungsmodus	bewusst	unbewusst
Motivationskategorie	extrinsisch	intrinsisch
Kommunikationsmittel	verbal	somato-affektiv
Funktion	denken	fühlen
Stimmung	nüchtern, sachlich, neutral	entspannt, aktiviert
Arbeitstempo	langsam	schnell
Bewertung	analytisch	ganzheitlich
Zieltyp	spezifisch, ergebnisorientiert	allgemein, integrativ

Abbildung 1-6: Motivationsrelevante Eigenschaften AG und EG

Menschen nachhaltig zu beeinflussen. Währenddessen Gefühle, insbesondere in Form von Stress, Angst und Schmerz, das Handeln stark beeinflussen können.

Eine Abstimmung zwischen AG und EG hilft beim Umgang mit Zielkonflikten. Das EG mit seiner intuitiven Intelligenz hat den gesamten Kontext mit seiner Komplexität und sämtlichen Widersprüchlichkeiten im Blick. Entscheidungen werden unter Berücksichtigung aller relevanten Bedürfnisse und Werte aus einer Steuerposition heraus getroffen. Diese Entscheidungen sind oft spontan und gefühlsbetont, beanspruchen dank der parallelen Arbeitsform des EG nur wenig Zeit.

Die wissenschaftliche Zielpsychologie befasst sich nicht nur mit spezifischen Zielen, sondern auch mit Zieltypen, die sich auf die innere Verfassung des bzw. der Zielsetzenden beziehen. Es sind allgemein formulierte Ziele, die einen Zielkorridor beschreiben (Scheffer & Kuhl, 2006). Das ist der Zieltypus des Erfahrungsgedächtnisses. Diese allgemein formulierten Ziele bestimmen eine innere Haltung, mit der psychisches Geschehen organisiert wird. Deshalb werden sie als Haltungsziele bezeichnet. Sie sind nichts anderes als das Mindset, das im Mittelpunkt unserer Betrachtung steht.

Carol Dweck widmet sich diesen Themen in ihrem Buch „Selbstbild“. Sie beschreibt ausführlich, wie es sich mit der Haltung und dem Selbstbild eines Menschen verhält (Dweck, 2019). Sie beschäftigt sich seit vielen Jahren mit der Frage, warum sich manche Menschen ihr Leben lang weiterentwickeln und erfolgreich sind und andere in ihrer Entwicklung stehen bleiben. In ihrem Buch beschreibt sie zwei grundlegend unterschiedliche Haltungen von Menschen sowie die Auswirkungen, die sich daraus auf die Leistungen ergeben. Sie belegt, dass Menschen mit der inneren Einstellung, dass Intelligenz veränderbar ist und man aus Fehlern lernen kann, eine bessere Leistung erbringen als Menschen, die nicht über diese Einstellung verfügen. Letztere besitzen stattdessen die Haltung, dass Intelligenz eine angeborene Eigenschaft ist. In Fehlern sehen sie eine Bestätigung dieser Annahme. Dweck konnte zeigen, dass Menschen mit diesem statischen Selbstbild weniger erfolgreich sind. Das zeigt, dass die innere Haltung und Einstellung die Leistung maßgeblich beeinflusst.

Im Gegensatz zu spezifischen Zielen ermöglichen allgemein formulierte Ziele eine Vielzahl von Handlungsmöglichkeiten (Kruglanski & Kopetz, 2009). Diese Eigenschaft wird als Äquifinalität bezeichnet. Was damit gemeint ist, wird sehr schön an Sprichwörtern deutlich. Diese Lebensweisheiten beschreiben nämlich häufig Ziele auf Haltungsebene. Wenn jemand beispielsweise von sich sagt, „Ich bin die Ruhe selbst", beschreibt er damit seine generelle Einstellung, die in vielen Situationen handlungsanleitend sein kann: ein gemütliches Frühstück, im Stau Entspannungsmusik hören, den Sonnenuntergang genießen oder ein ausgiebiger Spaziergang. Dagegen ist ein spezifisches Ziel wie „Ich mache jeden Abend eine halbstündige Meditation" nur durch eine einzige Handlung zu erfüllen. Haltungsziele geben nicht nur ein einziges Verhalten vor. Durch eine innere Haltung ergeben sich vielfältige Verhaltensoptionen, die situationsadäquat ausgewählt werden können. Diese Eigenschaft der Haltungsziele ist in komplexen Situationen sehr hilfreich.

Wenn Menschen eine abstrakte, allgemeingültige Vorstellung eines Ziels haben, verfügen sie über mehr Selbstkontrolle für dessen Umsetzung. Die Selbstkontrolle ist geringer, wenn sie ein spezifisches und kontextbezogenes Verständnis über ihr Ziel haben. Dieser Sachverhalt wird durch folgendes Experiment von Fujita, Trope, Liberman und Levin-Sagi (2006) verdeutlicht. Versuchspersonen sollten zwei Griffe eines Gerätes zum Training der Unterarmmuskulatur so lange wie möglich geschlossen halten. Einem Teil der Probanden wurde dies mit einem spezifischen Ziel begründet. Man sagte ihnen nämlich, dass es sich hierbei um einen Test der Muskelstärke handele. Den anderen Versuchspersonen sagte man, dass es sich um einen Test ihrer Willenskraft handeln würde. Jene Personen, für die Willenskraft einen positiven persönlichen Wert darstellte, hielten signifikant länger durch, als jene, die davon überzeugt waren, dass ihre Muskelkraft überprüft werden sollte. In den Worten der PSI-Theorie bedeutet das: Bei Menschen, deren Extensionsgedächtnis Willenskraft positiv bewertet, wird bei einer Demonstration dieser Willenskraft eine Haltung von Kraft und Stärke aktiviert. Dies führt zu messbar besserer Leistung.

Fassen wir zusammen: Die Rubikon-Überquerung kann mit einer konkreten, spezifischen Zielformulierung nicht gelingen. Dadurch wird im Gehirn das Absichtsgedächtnis aktiviert. Dies zeichnet sich durch eine nüchterne, neutrale Affektlage und einen rationalen, vernunftsbetonten Funktionsmodus aus. Zur Überquerung des Rubikons benötigt man jedoch starke positive Affekte mit positiven somatischen

Markern. Diese entstehen durch die Aktivierung des Extensionsgedächtnisses. Der Zieltyp des EG sind Haltungsziele. Mit diesen gelangt man über den Rubikon.

Verschiedene Zielebenen

Ziele können demnach entweder auf einer Haltungs- oder auf einer Verhaltensebene formuliert werden. „Ich bin die Ruhe selbst" ist beispielsweise ein Ziel auf der Haltungsebene. Dagegen beschreibt ein Ziel auf der Verhaltensebene die konkrete Umsetzung des gewünschten Verhaltens, wie zum Beispiel „Ich höre im Stau meine Lieblings-CD". In diese Aufteilung lässt sich der Zieltyp der spezifischen Ziele nach Locke und Latham nicht einordnen. Das wird erst mit der Einführung einer weiteren Ebene möglich: der Ergebnisebene. Sie beschreibt ein gewünschtes Resultat, wie beispielsweise den Wunsch „Ich bleibe im Stau gelassen". Demnach lassen sich für die Zieltypen drei Ebenen unterscheiden: Haltungs-, Ergebnis- und Verhaltensebene.

Abbildung 1-7 verdeutlicht diesen Zusammenhang.

Diese Einordnung der Zieltypen in drei Ebenen wird als Zielpyramide bezeichnet (Storch & Krause, 2014). Die Haltungsebene beschreibt eine generelle Einstellung, die ein Mensch gegenüber einem Thema einnimmt. Typische Beispiele für diesen Zieltyp sind „Ich möchte zufrieden

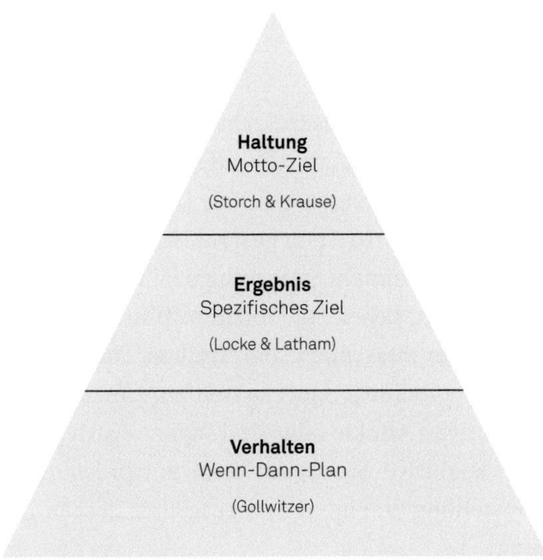

Abbildung 1-7: Zielpyramide und Zieltyp

durch das Leben gehen", „Ich möchte Freude in der Arbeit haben" oder „Ich möchte mir meinen Optimismus bewahren". Dieser Zieltyp eignet sich ausgezeichnet, wenn man sich die Umsetzung von Werten und Prinzipien als Ziel vornehmen möchte. Für diese Haltungsziele hat das ZRM den eigenen Zieltyp der Motto-Ziele entwickelt. Motto-Ziele erlauben die systematische Abstimmung von Absichts- und Extensionsgedächtnis. Auf der Ergebnisebene lassen sich spezifische Ziele im Sinne von Locke und Latham einordnen. Hier wird beschrieben, was man erreichen möchte. „Ich möchte Reiten lernen", „Ich möchte in Javascript programmieren können", „Ich möchte mit dem Rauchen aufhören" sind typische Aussagen auf dieser Ebene. Die unterste Ebene beschreibt das konkrete Verhalten, das dazu dient, das gewünschte Ergebnis zu erreichen. Hier finden sich genaue und exakt ausgearbeitete Pläne und Vorgehensweisen. Exemplarisch sind an dieser Stelle die Wenn-Dann-Pläne von Gollwitzer genannt, die wir später noch kennenlernen werden.

Affekte und Motivation

Es ist noch weitgehend unbekannt, dass Affekte nicht auf einem Kontinuum von positiv nach negativ beschrieben werden sollten. Vielmehr sollten Basisaffekte auf zwei getrennten Dimensionen abgetragen werden (Kuhl, 2001). Der Grund dafür ist darin zu sehen, dass positive und negative Affekte unabhängig voneinander agieren. Demnach kann jedes Ziel positive und negative Affekte auslösen. Bei positiven Affekten steigt die Motivation, dieses Ziel tatsächlich umzusetzen. Dagegen sinkt sie bei negativen Affekten.

Aus Sicht der PSI-Theorie würde man diesen Sachverhalt wie folgt beschreiben: Das Extensionsgedächtnis liefert die affektive Bewertung eines Ziels. Das Absichtsgedächtnis ist hingegen für die kognitive Bewertung zuständig. Der Aussage, dass Sporttreiben gesund ist, würden wohl die meisten Menschen kognitiv zustimmen. Demzufolge fällt die kognitive Bewertung dieser Vorstellung positiv aus. Trotzdem führt dies mitnichten dazu, dass alle Befürworter tatsächlich Sport treiben. Das tun nur jene Menschen, bei denen die Vorstellung, Sport zu treiben, affektiv positiv belegt ist. Fehlen diese positiven Affekte oder sind sogar negative vorhanden, zeigt eine positive kognitive Sichtweise kein entsprechendes Verhalten. Die affektive Einstellung zu einem Ziel bestimmt dessen Attraktivität für die Umsetzung.

Informationscodes nach Bucci

Wilma Bucci hat psychoanalytische Ansätze mit den Überlegungen von Antonio Damasio verknüpft. Daraus ist die Multiple Code Theory entstanden (Storch et al., 2010). Dieser Theorie zufolge können Menschen die Informationen in zwei Formen von Codes wahrnehmen und verarbeiten: in vorsymbolischer und in symbolischer Form. Die vorsymbolische Form bezieht sich ausschließlich auf körperliche Empfindungen und Basalaffekte. Hierzu gehören die somatischen Marker von Damasio (Damasio, 2006), die entweder somatisch und/oder emotional wahrgenommen werden können. Hinsichtlich der symbolischen Form lassen sich verbale und nonverbale Codes unterscheiden. Verbale Codes sind Buchstaben respektive Wörter, nonverbale Codes sind Bilder (s. **Abb. 1-8**).

Insgesamt verfügt der Mensch über drei Varianten der Informationsverarbeitung. Der symbolische verbale Code lässt sich vereinfachend als Worte bezeichnen. In diesem Sinne ist unsere Sprache ein symbolischer Code, den wir bewusst anwenden. Der vorysmbolische Code spielt sich unterhalb der Bewusstseinsschwelle ab. Er äußert sich durch Körpergefühle beziehungsweise Emotionen. Deshalb wird er als somato-affektiver Code bezeichnet. Diese Gefühle können zwar bewusst wahrgenommen werden, allerdings bleiben die zugrunde liegenden Prozesse unbewusst. Symbolisch nonverbaler Code meint die Welt der Bilder. Sie nehmen eine Position zwischen bewusster und unbewusster Ebene ein. Bilder sind bewusstseinsfähig und können entweder durch Sprache oder durch vorsymbolische Prozesse hervorgerufen werden.

Diese drei Varianten der Verarbeitung sind über einen Vorgang miteinander verbunden, den Bucci den „referenziellen Prozess" nennt. Dabei kommt den Bildern eine entscheidende Rolle zu. Sie sind die Verbindung

Abbildung 1-8: Informationscodes nach Bucci

zwischen der symbolisch verbalen und der vorsymbolischen Ebene. Diese Kernaussage in Buccis Theorie lautet: Von dem bewussten Sprachcode lässt sich anhand des Bildsystems eine Verknüpfung zu den unbewusst arbeitenden Körperempfindungen herstellen. Oder wie Maja Storch es prägnant ausdrückt: „An jedem Wort hängt ein Bild und an jedem Bild hängt ein Gefühl" (Storch et al., 2010, Seite 131, s. **Abb. 1-9**).

Wie lässt sich die Entstehung der drei Codes erklären? Körpergefühle und die daran gekoppelten Emotionen sind das entwicklungsgeschichtlich ältere Signal- und Aktivierungssystem. Es befindet sich in den evolutionär älteren Teilen des Gehirns. Diese Körperebene ist mit den unmittelbaren Erinnerungen an jene Situation verbunden, in denen diese Körperempfindungen aufgetreten sind. Das erzeugt innere Bilder. Menschheitsgeschichtlich sehr viel jünger ist die Welt der Worte. Erleben und Geschehnisse in Worte zu fassen und sie abstrakt darzustellen, muss von jedem Menschen zusätzlich gelernt werden.

Wie lässt sich die Theorie von Bucci für die Formulierung von Zielen nutzen, die intrinsische Motivation herstellen sollen? Beziehen wir nochmals die PSI-Theorie in unsere Überlegungen ein und gehen der Frage nach, welchen Informationscode das Absichts- und Extensionsgedächtnis benutzen. Das AG ist an Bewusstheit gekoppelt und kann Informationen

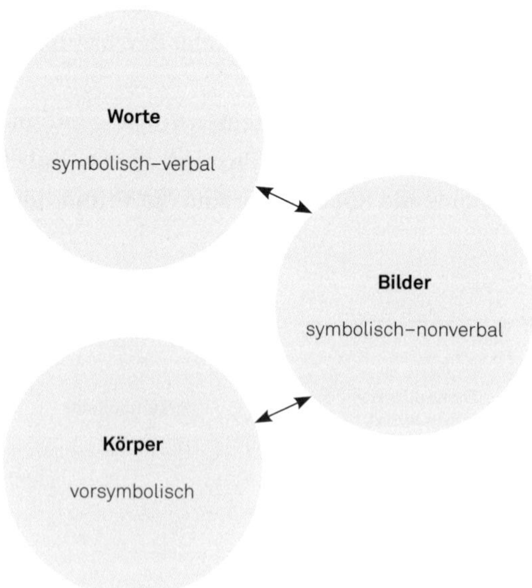

Abbildung 1-9: Arbeitsweg des referenziellen Prozesses

verarbeiten, die in symbolisch-verbaler Form vorliegen. Das geschieht in vergleichsweise geringer Geschwindigkeit. Dagegen ist die Informationsverarbeitung des EG unbewusst und läuft in hoher Geschwindigkeit ab. Es verwendet den vorsymbolischen, somato-affektiven Code. Wie wir weiter oben bereits besprochen haben, entsteht intrinsische Motivation, wenn ein vom AG gebildetes Ziel mit der somato-affektiven Bewertung des EG abgestimmt ist. Demzufolge ist ein Dialog zwischen AG und EG notwendig. Doch die Funktionssysteme sprechen nicht die gleiche Sprache. Wie kann ein Dialog funktionieren, wenn jedes System seine eigene Sprache spricht? Wie spricht ein Inder mit einer Afrikanerin? Indem er einen Dolmetscher hinzuzieht. Diese Funktion eines Dolmetschers kann der Theorie von Bucci zufolge die symbolische nonverbale Bildsprache übernehmen. Bilder können sowohl bewusst als auch unbewusst verarbeitet werden. Damit sind sie für Absichts- und Extensionsgedächtnis verständlich.

Welche Konsequenzen ergeben sich aus diesen Überlegungen für die Zielformulierung des gewünschten Mindsets? Ein geeigneter Ablauf sieht folgendermaßen aus: Zunächst fasst das AG ein bewusstes Ziel und verwendet dabei den symbolisch-verbalen Code. Anschließend erfolgt die Abstimmung mit dem EG. Dies ist erforderlich, damit intrinsische Motivation vorhanden ist. Das EG verwendet vorsymbolische, somato-affektive Marker für seine Bewertung. Für eine bestmögliche Synchronisation beider Systeme muss der bewusste Vorsatz des AG in Worte gefasst werden, sodass dadurch starke und eindeutige Bilder erzeugt werden. Eine metaphorische, bildliche Sprache ist bestens dazu geeignet, das EG anzusprechen. Sie löst innere Bilder aus. Aus der neuropsychologischen Forschung weiß man, dass wortwörtliche Sprache nur die linke Gehirnhemisphäre aktiviert. Bildliche Sprache und Metaphern aktivieren dagegen beide Gehirnhälften. An diese durch metaphorische Sprache erzeugten Bilder sind wiederum intensive somato-affektive Signale gekoppelt. Diese sind unbedingt notwendig, um den Synchronisationsprozess zwischen AG und EG vornehmen zu können.

Ein Mindset als motivierendes Haltungsziel für die Umsetzung von Werten und Prinzipien lässt sich durch das folgende Vorgehen erstellen: Als Erstes sucht man sich zu dem gewählten Wert oder Prinzip ein Bild. Im Anschluss daran werden zu dem Bild passende Worte ermittelt. Aus den gefundenen Begriffen wird ein Haltungsziel zusammengestellt. Diese Formulierung ist eng mit der Bilderwelt des EG verknüpft. Ist dies gelungen, ist der Rubikon überquert und man befindet sich in der nächsten Phase des Rubikon-Prozesses, der Intention.

Fassen wir zusammen: Wir haben in diesem Kapitel den Rubikon-Prozess des ZRM kennengelernt. Er beschreibt die einzelnen Reifegrade, die ein Wunsch von seiner Entstehung bis hin zur Umsetzung der gewünschten Handlung durchläuft. Ein wesentlicher Aspekt im ZRM ist die sogenannte Rubikon-Überquerung, die auf den Erkenntnissen der Zielpsychologie beruht. Gelingt diese, ist aus dem Wunsch eine Intention geworden. Eine Intention entspricht dem agilen Mindset. Bewusstes und unbewusstes Gedächtnissystem sind synchronisiert. Hierfür gibt es im ZRM einen eigenen Zieltyp: das Motto-Ziel. Es ist eine Zielformulierung auf Haltungsebene. Dadurch ist intrinsische Motivation gegeben. Mit nur einem Motto-Ziel lassen sich viele verschiedene Verhaltensoptionen generieren. Es ermöglicht demnach flexibles, dynamisches und situationsadäquates Handeln: Es ist im besten Sinne agil. Das ZRM-Motto-Ziel ist damit die ideale Zielformulierung für unser agiles Mindset.

1.4. Wie das agile Mindset im ZRM entwickelt wird

Nun haben wir mit dem ZRM-Rubikon-Prozess Bekanntschaft gemacht. Zuvor haben wir bereits die drei Aspekte einer erfolgreichen Teamarbeit mit dem Mindset, den Prinzipien sowie den Methoden und Praktiken kennengelernt. Als Nächstes verknüpfen wir diese beiden Komponenten. Beides passt bestens zusammen, wie aus **Abbildung 1-10** ersichtlich ist.

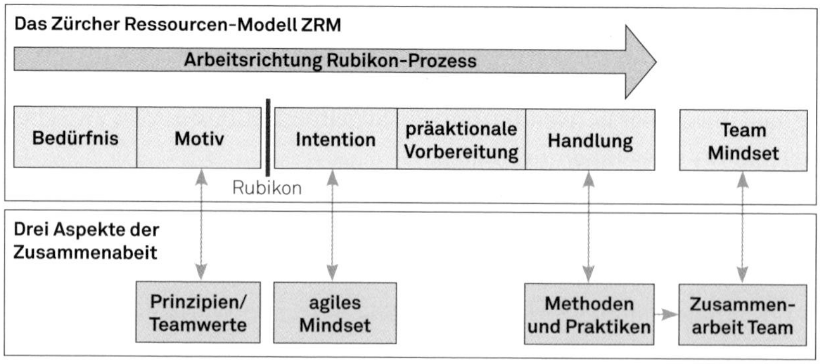

Abbildung 1-10: ZRM und Aspekte der Zusammenarbeit

Das ZRM-Training startet mit dem Motiv. Es ist der bewusste Vorsatz eines Teammitglieds, sein Verhalten zukünftig an einem bestimmten Teamwert auszurichten. Für diesen persönlichen Wert überprüfen alle ZRM-Trainingsteilnehmenden, wie sie sich diesbezüglich mit unbewussten Bedürfnissen verhalten. Diese werden bewusst gemacht und mit dem Motiv abgestimmt. Es ist die Phase des Wählens und Abwägens vor dem Rubikon. Dieser ist überschritten, sobald Bedürfnis und Motiv synchronisiert sind. Eine Intention ist gebildet. Es repräsentiert das agile Mindset. Danach folgt die Phase der präaktionalen Vorbereitung. Diese mündet schließlich in die Handlung mit Methoden und Praktiken aus dem ZRM-Baukasten. Obgleich damit der Rubikon-Prozess beendet ist, wird das ZRM-Training um einen weiteren Schritt ergänzt: den Bau eines Team-Mindsets. Dies ist in einem Setting sinnvoll, in dem das gesamte Team am ZRM-Training teilnimmt. Alle erarbeiten ein gemeinschaftliches Team-Mindset. Dadurch entsteht im Idealfall neuer Teamspirit, also ein starkes Gefühl der Verbundenheit, verknüpft mit dem unbedingten Wunsch, das gemeinschaftliche Ziel zu erreichen.

Das agile Mindset soll die Umsetzung der Werte und Prinzipien optimal unterstützen und entsprechendes Verhalten ermöglichen. Nur wenn sich alle Aspekte im Einklang miteinander befinden, entfalten sie ihre positive Wirkung auf die Zusammenarbeit. Wenn sich diese Aspekte widersprechen, gelingt es nicht, wie an folgendem Beispiel deutlich wird: Eine Person hat die Haltung „Reden ist Silber, Schweigen ist Gold". Diese Haltung erweist sich im Hinblick auf eine offene Feedback- und Fehlerkultur als problematisch. Sie könnte dazu führen, dass sich diese Person meistens in Schweigen hüllt und nicht sagt, was sie denkt und fühlt. Dadurch sind die anderen im Team diesbezüglich auf ihre eigenen Annahmen und Vermutungen angewiesen. Das macht Teamarbeit kompliziert und kann viele Probleme verursachen. In dieser Hinsicht wird die Zusammenarbeit nicht optimal funktionieren. Die bestmöglichen Voraussetzungen für erfolgreiche Teamarbeit sind nur dann gegeben, wenn Mindset, Werte und Prinzipien aufeinander abgestimmt sind.

Ziel ist es, ein Mindset zu entwickeln, das maßgeschneidert zu den Werten und Prinzipien passt. Zunächst steht die Klärung der Frage an, für welchen Wert oder für welches Prinzip eine passende Haltung entwickelt werden soll. Möchte jemand eine geeignete Einstellung für eine offene Fehlerkultur? Ein förderliches Mindset für einen besseren Umgang mit

Veränderung? Oder möchte eine Person eine Haltung entwickeln, mit der sie zielstrebiger agieren kann? Es gibt eine riesige Bandbreite möglicher Themen für eine gewünschte neue Haltung. Für welches Thema soll sich jemand entscheiden?

An dieser Stelle kommt den Werten eine besondere Bedeutung zu. Entweder wird ein bestimmter Wert durch ein eigenes Prinzip beschrieben, wie es beispielsweise bei dem Prinzip „Offenheit für Veränderung" der Fall ist. Oder Werte fließen implizit in ein Prinzip mit ein, wie zum Beispiel bei dem Prinzip der offenen Feedback- und Fehlerkultur. Dieses beinhaltet unter anderem die Werte Respekt, Offenheit und Vertrauen. Werte spielen demnach eine Schlüsselrolle bei den Prinzipien. Diese werden durch Werte direkt oder indirekt unterstützt, sofern ein geeignetes Mindset vorhanden ist. Jedes Mindset sollte einen thematischen Schwerpunkt haben, demzufolge nur einen oder zwei Werte umfassen. Ist die Integration von weiteren Werten im Teamalltag notwendig, sollten hierfür zusätzliche, passende Mindsets erarbeitet werden.

Für welche Werte sollte eine neue Haltung entwickelt werden? Für die Wahl der geeigneten Werte ist folgende Frage ausschlaggebend: Welche Werte unterstützen das Team bestmöglich beim Erreichen seiner Ziele? Aus diesen gesammelten Werten, den Teamwerten, kann sich jedes Teammitglied einen persönlichen Wert auswählen. Für welchen Wert sollte sich eine Person entscheiden? Für jenen, mit dem sie den größten Beitrag zu einer optimalen Zusammenarbeit leistet. Jedes Teammitglied verfügt demnach über einen individuellen Wert. Für diesen Wert entwickelt jede Person ein geeignetes Mindset. Mit diesem persönlichen Mindset hat sie die optimale Voraussetzung für nachhaltiges Handeln, das auf diesen Wert ausgerichtet ist.

Fabienne aus Patricks Team könnte sich beispielsweise eine Haltung der Gelassenheit wünschen. Das würde ihr ermöglichen, bei Fehlern kurz vor Auslieferung der Software entspannt und ruhig zu bleiben. Sebastian könnte sich zu einer zielorientierten Haltung entschließen. Damit wäre es ihm möglich, einen besseren Überblick zu bewahren, statt sich sofort einem Detail zuzuwenden. Eric könnte sich eine Einstellung wünschen, die ihm einen besseren Umgang mit Neuem ermöglicht. Dadurch könnte er mit Veränderungen entspannter umgehen. Das Mindset wirkt demnach in mehrfacher Hinsicht. Zum einen unterstützt es alle Einzelnen darin, ihr Verhalten in der gewünschten Weise zu verändern. Es wirkt auf einer persönlichen Ebene. Indem alle ihr Verhalten erfolgreich an einem gewünschten Wert ausrichten, verbessert sich gleichzeitig die Zusammenarbeit aller im Team. Diese gesteigerte Leistungsfähigkeit erhält zusätzliche Unterstützung durch ein gemeinsames Team-Mindset.

Schauen wir nun, wie ein agiles Mindset für die Einzelne bzw. den Einzelnen und für das Team im ZRM-Training entwickelt wird. Zu Beginn steht die Frage, welche Teamwerte die Zusammenarbeit bestmöglich unterstützen. Nach der Wahl geeigneter Teamwerte wählen alle Teilnehmenden einen oder zwei persönliche Werte aus dem Pool der Teamwerte. Es sind jene Werte, mit denen sie den größten persönlichen Beitrag für eine optimale Teamzusammenarbeit leisten können. Dieser persönliche Wert ist in der ZRM-Terminologie das Motiv. Es bezeichnet den bewusst gefassten Vorsatz, das eigene Verhalten in einer bestimmten Weise zu verändern. Danach werden die unbewussten Bedürfnisse evaluiert. Was meint das Unbewusste zu dem bewusst gefassten Vorsatz? Ist der bewusste Vorsatz mit dem Input des Unbewussten abgeglichen und synchronisiert, gelingt die Rubikon-Überschreitung. In der Terminologie des Rubikon-Prozesses wurde eine Intention gebildet. In unseren Worten sprechen wir davon, dass ein agiles Mindset entwickelt wurde. Danach kommt die Phase der präaktionalen Vorbereitung. Sollten alte, unerwünschte Automatismen vorhanden sein, werden diese verlernt und umgelernt. Danach ist der Weg frei für das gewünschte Handeln im Sinne des gewählten persönlichen Wertes. Auf diese Weise sind die optimalen Voraussetzungen geschaffen, damit jede und jeder einen individuellen Beitrag zur erfolgreichen Zusammenarbeit leisten kann.

Das ZRM orientiert sich an den Phasen des Rubikon-Prozesses mit seiner klaren Arbeitsrichtung. Damit ist eine gute Übersicht gegeben: Man weiß immer, wo man steht und was noch zu tun ist. Schauen wir uns nun die konkrete Vorgehensweise des ZRM-Trainings mit den einzelnen Phasen an.

Schritt 1: Persönlichen Wert ergründen

In der ersten Phase des ZRM geht es um die Bedürfnisse und das Motiv. Zur Erinnerung: Bedürfnis und Motiv unterscheiden sich durch das Ausmaß der Bewusstheit. Bedürfnisse sind unbewusst vorhandene Antriebe und Wünsche. Sind sie bewusst geworden, spricht man von Motiven. Das ehemals unbewusste Bedürfnis ist der Motivbesitzerin bzw. dem Motivbesitzer bewusst geworden, sie oder er kann es benennen und darüber sprechen. Das Ziel dieser ersten Phase des ZRM-Trainings besteht darin, mögliche unbewusste Bedürfnisse bewusst zu machen, sofern sie im Zusammenhang mit dem bewussten Vorsatz stehen (s. **Abb. 1-11**).

Das bewusste Motiv ist der persönliche Wert, den eine Person aus der Gesamtheit der Teamwerte gewählt hat. Das kann alles Mögliche sein: Autonomie, Respekt, Offenheit, Mut, Effizienz, Zielstrebigkeit sowie alle anderen denkbaren Werte. Jedes Teammitglied hat sich für jenen Teamwert entschieden, mit dem es den größten Beitrag zur Verbesserung der Teamarbeit leisten kann. In unserem Fall ist das Motiv der individuelle Teamwert, an dem jemand sein Verhalten ausrichten möchte.

Nun muss geklärt werden, ob es im Bezug zu diesem persönlichen Wert unbewusste Bedürfnisse gibt. Es muss geprüft werden, wie das Unbewusste zum gewählten Wert steht. Aus motivationspsychologischer Sicht gilt es als gesichert, dass in dieser Synchronisation bewusster und unbewusster Vorhaben ein wesentlicher Faktor für erfolgreiches Handeln liegt. Aus Sicht des Selbstmanagements ist es eine unentbehrliche Kompetenz, eigene unbewusste Bedürfnisse ergründen zu können. Diese Funktion wird im ZRM von Bildern übernommen, die positive Affekte auslösen. Jede Person sucht sich ein Bild aus, während sie den gewünschten Wert locker und scheinbar unbeteiligt im Hinterkopf behält. Sie wählt jenes Bild, das ihr gefällt, das gute Gefühle in ihr auslöst, sie vielleicht sogar lächeln lässt. Mit diesem Bild wird weitergearbeitet. Anschließend kommt ein spezielles

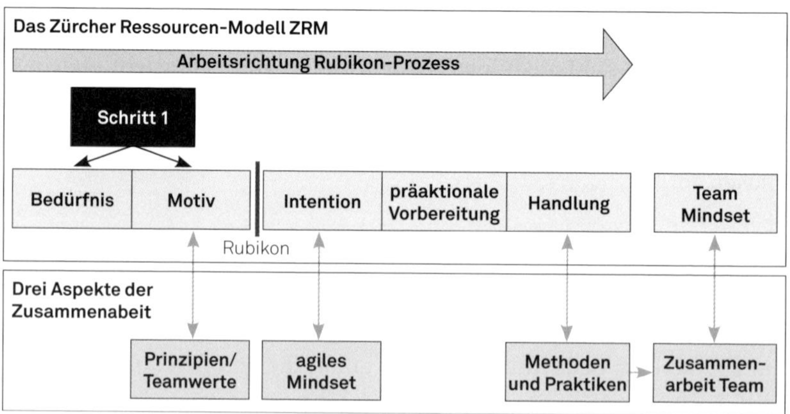

Abbildung 1-11: ZRM und Aspekte der Zusammenarbeit Schritt 1

Verfahren zum Zug: die Ideenkorb-Technik. Damit werden eigene Assoziationen zu dem Bild gesammelt und mit den Assoziationen anderer Personen, sogenannter Fremdgehirne ergänzt. Auf diese Weise werden zu dem Bild viele Merkmale zusammengetragen. Die Bildbesitzerin kann anhand ihrer somatischen Marker aus dieser Fülle von Begriffen jene auswählen, die für sie passend sind. Die ehemals unbewussten Inhalte zu dem gewählten Wert haben eine sprachliche Form erhalten. Damit sind sie für das strategische Planen im Sinne des Selbstmanagements verfügbar.

Die Auswahl der Begriffe aus dem Ideenkorb erfolgt mit einem Verfahren, das eigens für das ZRM entwickelt wurde. Es erlaubt die visuelle Darstellung von somatischen Markern, die dadurch systematisch analysiert werden können. Diese Methode heißt Affektbilanz. Basis für diese Methode ist die Tatsache, dass negative und positive Gefühle im Gehirn in zwei unterschiedlichen Systemen erzeugt werden: im Bestrafungssystem und im Belohnungssystem. Im Bezug auf die somatischen Marker und die affektive Bewertung bedeutet das: Wenn Erfahrungen mit einem somatischen Marker versehen werden, ist für negative somatische Marker eine andere Gehirnregion zuständig als für positive. Negative Bewertungen werden in der Amygdala bearbeitet, positive Bewertung liegen im Aufgabenbereich des Nucleus accumbens (Roth & Ryba, 2016, s. **Abb. 1-12**).

Negative und positive Gefühle können unterschiedlich stark ausgeprägt sein. Es gibt starke negative Gefühle und schwache negative Gefühle ebenso wie starke positive Gefühle und schwache positive Gefühle. Deswegen

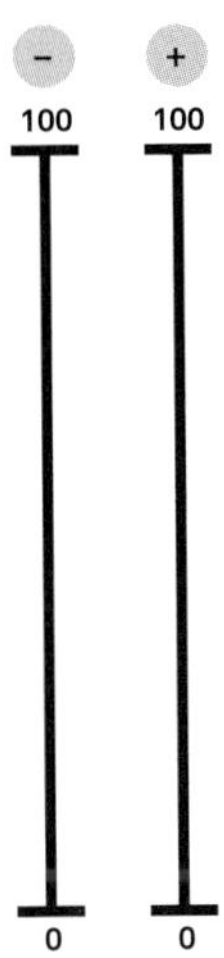

Abbildung 1-12: Affektbilanz

ist die Affektbilanz so konzipiert, dass sowohl für negative wie auch positive Gefühle jeweils eine eigene Skala existiert. Jede Skala hat einen Wertebereich von 0 bis 100. Bestrafungs- und Belohnungssystem arbeiten weitgehend unabhängig voneinander. Gemischte Gefühle sind also möglich und aus Sicht des Gehirns etwas völlig Normales. Diese Mischung negativer und positiver somatischer Marker zeigt sich beispielsweise dann, wenn man die gefühlsmäßige Bewertung der eigenen Mutter oder des eigenen Vaters beobachtet. Innerhalb von Sekundenbruchteilen tauchen sowohl positive wie auch negative Gefühle zu demselben Menschen auf. Das ist nicht überraschend, da die meisten Menschen positive und negative Erfahrungen mit ihren Eltern gemacht haben. Das Erfahrungsgedächtnis enthält diese Mischung an Erfahrungen. Gemischte Gefühle werden in der Affektbilanz dargestellt, indem auf der negativen wie auch der positiven Skala bei der entsprechenden Ausprägung eine Markierung angebracht wird.

Wie erfolgt die Auswertung des Ideenkorbes mit den gesammelten Begriffen zu dem Bild, das sich eine Person ausgesucht hat? Für jeden Begriff wird eine Affektbilanz erstellt. Danach werden jene Ideen ausgewählt, die eine Affektbilanz von 0 auf der negativen und mindestens 70 auf der positiven Skala aufweisen. Weitergearbeitet wird nur mit jenen Ideen, die keinerlei negativen Gefühle hervorrufen und gleichzeitig ein deutlich positives Gefühl auslösen. Diese Begriffe werden im ZRM als Lieblingsideen bezeichnet. Nur mit diesen Lieblingsideen lässt sich ein ressourcenaktivierendes neuronales Netz aufbauen (s. **Abb. 1-13**).

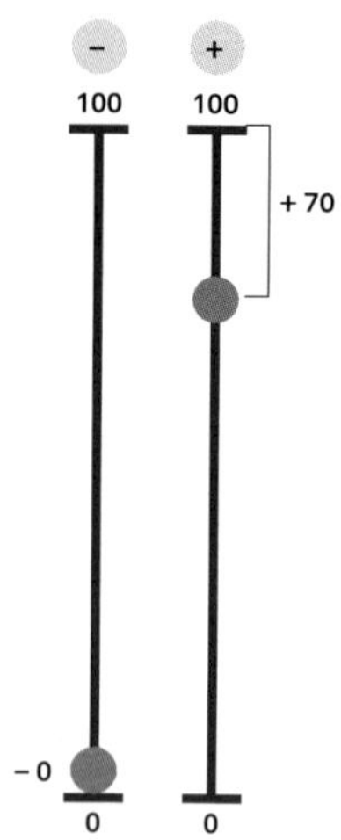

Abbildung 1-13: Affektbilanz für die Auswertung des Ideenkorbs

In dieser ersten Phase des ZRM-Trainings lernen die Teilnehmenden, ihre unbewussten Bedürfnisse hinsichtlich des persönlichen Wertes zu ergründen. Ist das Ergebnis dieses Erforschungsprozesses bekannt, kann es mit der bewussten Absicht abgeglichen und als Wunsch in Sprache gefasst werden. Bedürfnis und Motive stehen üblicherweise in fünf verschiedenen Varianten in Beziehung zueinander.

Variante 1: Neue Motive

Von neuen Motiven spricht das ZRM bei Trainingsteilnehmenden, die keine bewussten Veränderungswünsche haben. Das bedeutet in unserem Kontext, dass jemand über keinen persönlichen Wert verfügt, an dem er sein Handeln zukünftig ausrichten möchte. Das kann passieren, wenn ein ZRM-Training zur Entwicklung eines agilen Mindsets angeordnet wird. Die Teilnahme ist folglich für ein gesamtes Team obligatorisch. Um für das Training dennoch eine Veränderungsmotivation zu erzeugen, sollte vorher dafür gesorgt werden, dass wenigstens einmal unbewusste Bedürfnisse aktiviert werden. Diese können im Training bearbeitet werden. Hierfür kann vor das Training eine zweiwöchige Logbuchphase geschaltet werden. Jede und jeder ist dazu angehalten, Situationen zu sammeln, in denen die Umsetzung von Werten und Prinzipien besser gelingen könnte. Diese gesammelten Punkte werden zu Beginn des Trainings im Plenum zusammentragen und können als Themenspeicher für Änderungswünsche dienen.

Variante 2: Bestätigte Motive

Diese Variante liegt vor, wenn eine Person mit einem konkreten Veränderungswunsch in Bezug auf den gewählten Teamwert am Training teilnimmt und dieser Vorsatz durch die Arbeit mit Bildern bestätigt wird. In ZRM-Terminologie spricht man in diesem Fall davon, dass das bewusste Motiv und das unbewusste Bedürfnis deckungsgleich sind. Ein Beispiel für diese Variante ist eine Business Analystin, die gerne fokussierter arbeiten möchte. Dazu wählt sie das Bild eines Wanderers, der zügig auf sein Ziel zumarschiert. Auf die Begriffe „zielgerichtet", „stetig" und „energiegeladen" reagiert sie mit starken positiven somatischen Markern. In Fällen wie diesem dient die erste Phase des ZRM der Überprüfung, ob das Motiv, also der persönliche Wert, selbstbestimmt gewählt wurde.

Variante 3: Harmonisch ergänzte Motive

Um harmonisch ergänzte Motive handelt es sich, wenn durch die Arbeit mit dem Unbewussten neue Aspekte hinzukommen sind, die das bewusst gefasste Motiv passend und unterstützend ergänzen. Beispielsweise möchte ein frischgebackener Scrum Master gerne mutiger und selbstbewusster auftreten. Er entscheidet sich für das Bild eines Bergsteigers, der hoch oben auf einem Gipfel steht. In seinem Ideenkorb finden sich die Begriffe „Weitblick", „Besonnenheit" und „Kraft einschätzen", auf die er mit starken positiven somatischen Markern reagiert. Zunächst ist er etwas verwirrt und versteht die Reaktion seines Unbewussten nicht. Weshalb reagiert es mit diesem Bild und diesen Begriffen auf seinen Wunsch, mutiger aufzutreten? Doch nach einer weiteren Runde Ideenkorb ist ihm klar, was gemeint ist: Besonnenheit und Weitblick sind wichtige Ergänzungen zu seinem Wunsch nach mutigem Auftreten. Ohne diese Elemente würde für ihn die Gefahr bestehen, zu tollkühn und unvorsichtig zu agieren.

Variante 4: Konfligierend ergänzte Motive

Um diese Variante handelt es sich, wenn unbewusste Bedürfnisse Inhalte ans Licht bringen, die mit dem bewussten Motiv zunächst nicht in Übereinstimmung zu bringen sind. Beispielsweise möchte ein Product Owner sein Arbeitspensum effektiver bearbeiten: „Ich möchte Selbstmanagement lernen, um meine anstehenden Tasks besser erledigen zu können." Bei der Bildwahl verspürt er starke positive somatische Marker beim Anblick eines Liegestuhls, der auf einer Frühlingswiese zum Verweilen einlädt. Ihm ist völlig unklar, warum er dieses Bild gewählt hat. „Es ist komisch", sagt er. „Beim ersten Blick auf die Bilder wollte ich unbedingt das Bild des jagenden Leoparden auswählen. Erst nach der Entspannungsmusik hatte ich nur noch Augen für dieses schöne Frühlingsbild." Durch die Erkundung des Unbewussten ist ihm klar geworden, dass er ein großes Bedürfnis nach Ruhe und Erholung hat. Dieses Bedürfnis ist genauso wichtig wie die Fähigkeit, effizient zu arbeiten. Seine Lieblingsideen aus dem Ideenkorb sind Ausruhen, Erholung, Wechsel der Jahreszeiten, Aufblühen. Zunächst gelingt es ihm nicht, seine angestrebte Verhaltensänderung mit den Ideen des Ideenkorbs zu kombinieren. Doch nach und nach wird ihm die Bedeutung klar: Es geht darum, dass er seinen persönlichen Rhythmus zwischen Anspannung und Erholung findet. Genauso, wie es die Natur mit ihrem natürlichen Rhythmus und dem Wechsel der Jahreszeiten macht. Für das persönliche Wohlbefinden und den Erhalt der eigenen Gesundheit sind beide Kompetenzen notwendig: effizient zu sein und sich regenerieren zu können. Diese beiden Themen scheinen zunächst wie ein unlösbarer Konflikt. An dieser Stelle ist er noch nicht gelöst, dank der Arbeit mit dem Unbewussten aber zunächst einmal offengelegt. Das ist ein erster Schritt zur Lösung.

Variante 5: Bewusster Motivkonflikt
Wahrscheinlich kennen alle bewusste Motivkonflikte aus dem ganz normalen Arbeitsalltag. In diesem Fall beginnen die Teilnehmenden das ZRM-Training mit einem Motivkonflikt, der bereits bewusst ist. Jemand möchte beispielsweise die Kollegen bei ihren Problemen besser unterstützen. Diese Person gerät schnell in eine Zwickmühle, wenn es darum geht, eine versprochene Präsentation für den nächsten Tag fertigzustellen. Was ist nun wichtiger: Hilfsbereitschaft oder Zuverlässigkeit? Ein bewusster Motivkonflikt liegt auch bei einer Entwicklerin vor, die für ihr Leben gerne programmiert, kreativ und sehr einfallsreich ist. Sie sprudelt nur so vor innovativen Ideen, die sie am liebsten alle sofort umsetzen würde. „Alles Neue interessiert mich und ich tüftele gerne an neuen Funktionen herum. Das ist die eine Seite", sagt sie. „Auf der anderen Seite betreue ich sehr gerne die bestehenden Softwareapplikationen. Ich mag es, kleine Erweiterungsarbeiten an der aktuellen Software umzusetzen. Irgendwie muss ich eine Möglichkeit finden, wie ich meine Kreativität und mein Pflichtbewusstsein unter einen Hut bringen kann." Die Entwicklerin wählt das Bild einer großen Blüte mit leuchtend roten Samenkapseln aus. Aus ihrem Ideenkorb wählt sie die Begriffe „strahlend", „energiegeladen", „Fortbestand sichern", „Beständig sein". Mit dem Begriffspaar „strahlend und energiegeladen" verbindet sie ihre Kreativität, die beiden Begriffe „Fortbestand sichern und beständig sein" versinnbildlichen für sie ihr Pflichtbewusstsein.

Schritt 2: Agiles Mindset entwickeln

Im Schritt 2 des ZRM-Trainings geht es um die Rubikon-Überquerung. Die wissenschaftlichen Grundlagen dafür stammen aus der Zielpsychologie, mit der wir uns bereits ausgiebig in Kapitel 1.3 beschäftigt haben. Wir haben gesehen, dass die Überquerung des Rubikons mit spezifisch formulierten Zielen im Sinne von Locke und Latham nicht gelingen kann. Diese Form der Zielformulierung geht davon aus, dass Motivation für das Umsetzen des Ziels vorhanden ist. Derart formulierte Ziele sind jedoch nicht dazu geeignet, Motivation herzustellen. Ist der Rubikon bereits überquert, kann man mit konkreten, spezifischen Zielen arbeiten und das gewünschte Ziel damit umsetzen. Wer jedoch noch vor dem Rubikon steht, dem hilft ein konkretes Ziel nicht weiter (s. **Abb. 1-14**).

Im ZRM-Training erfolgt die Rubikonüberquerung mit allgemein formulierten Zielen, den sogenannten Motto-Zielen. Mit Motto-Zielen gelangt man zur Phase der Intention, also zum agilen Mindset. Motto-Ziele sind allgemein formulierte Ziele, die auf die innere Haltung einer Person zugreifen. Ziele dieser Art sind im Alltag in Form von Sprichwörtern gebräuchlich. Wenn man beispielsweise einen Berg unerledigte Dinge zu erledigen hat, kann man sich vornehmen: „Eile mit Weile“. Damit weiß man zwar nicht, was man in welcher Reihenfolge abarbeiten will, hat aber eine Einstellung, die dem Handeln einen Rahmen vorgibt, innerhalb dessen man sich bewegen kann.

Der Wunsch nach selbstbewusstem Auftreten könnte in einer konkreten Formulierung beispielsweise lauten: „Im nächsten Teammeeting veranlasse ich eine Verlängerung der Testphase.“ Ist die gleiche Absicht als allgemeines Handlungsziel formuliert, könnte es sich wie folgt anhören: „Ich vertrete selbstbewusst meine Ansichten.“ Diese abstrakt formulier-

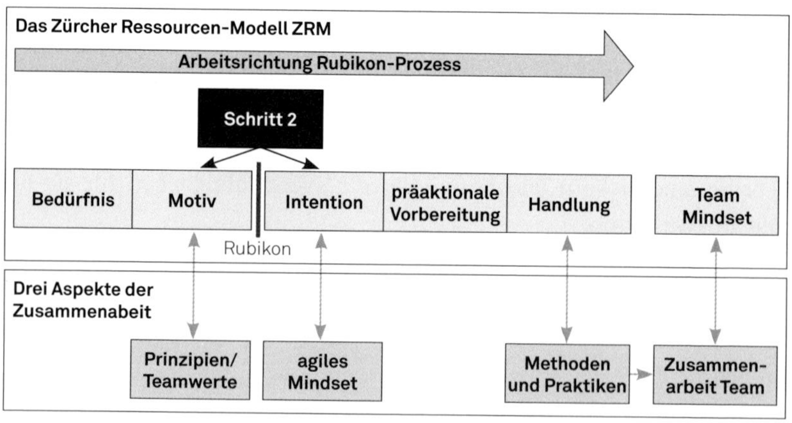

Abbildung 1-14: ZRM und Aspekte der Zusammenarbeit Schritt 2

ten Ziele werden stärker zum eigenen Selbst gehörend erlebt als konkret formulierte Ziele. Sie klingen kraftvoller und lösen typischerweise starke Emotionen aus. Gollwitzer bezeichnet diese allgemeinen Haltungsziele als unstillbare Identitätsziele (Gollwitzer, 1987). Sie sind deswegen unstillbar, weil sie unter Umständen ein Leben lang richtungsweisend sind.

Konkrete Ziele sprechen den Verstand an, Motto-Ziele das Unbewusste. Dadurch wird mehr Optimismus erzeugt und es entsteht größere Widerstandsfähigkeit bei Rückschlägen. Die Fähigkeit zur Selbstmotivation nimmt zu und ebenso das Gefühl, selbstbestimmt zu handeln.

Mit der Rubikon-Überquerung sind die unbewussten und bewussten Inhalte des psychischen Systems synchronisiert. In der Rubikon-Terminologie wurde eine Intention gebildet. Diese zeichnet sich durch eine besondere Gefühlsqualität aus: Ein Gefühl der Entschlossenheit hat sich eingestellt. Eine innere Überzeugung ist spürbar, die Absicht wirklich umzusetzen. Es ist ein Gefühl des Wollens, das von positiven Gefühlen begleitet wird. In der Motivationspsychologie wird dieser Zustand als intrinsisch motiviert bezeichnet. Diese innere Verfassung unterstützt die Absicht und steht in Einklang mit den persönlichen Erfahrungen, Bedürfnissen, Motiven, Zielen, Werten und Normen. Sie prägt die Art und Weise, wie die Verfasserin bzw. der Verfasser der Absicht Situationen wahrnimmt, was sie oder er fühlt, denkt und wie sie oder er handelt. Daraus resultiert eine Fokussierung auf die gewünschte Absicht. Informationen werden ausgeblendet, wenn sie diese Intention gefährden könnten.

Mit der Intention verhält es sich wie mit der heißen Luft eines Heißluftballons: Ohne sie würde die Fahrt nicht gelingen, obwohl man sie weder sieht noch hört. Nur spüren kann man sie. Die nachhaltige Umsetzung eines Ziels funktioniert nur, wenn eine geeignete Intention dafür vorhanden ist.

Die Intention wird im ZRM durch ein Motto-Ziel gebildet. Dies ist durch drei Kennzeichen charakterisiert:

- Kennzeichen 1: Ein Motto-Ziel beschreibt eine Haltung.
- Kennzeichen 2: Ein Motto-Ziel ist im Präsens formuliert.
- Kennzeichen 3: Ein Motto-Ziel benutzt bildhafte Sprache.

Das erste Kennzeichen besagt, dass das Motto-Ziel auf Haltungsebene beschrieben wird, damit der Rubikon überquert werden kann. Setzt sich eine Person die Umsetzung eines Wertes zum Ziel, formuliert sie dies meist völlig intuitiv als Haltungsziel: „Ich möchte zielstrebiger sein“ oder „Ich möchte mehr Autonomie in meiner Arbeit“ sind typische Wünsche, die sich auf die Umsetzung eines Wertes beziehen. Diese Haltungsebene sollte beibehalten werden, bis der Rubikon überschritten wird. Wie wir gesehen haben, ist für die Rubikon-Überquerung ein starker positiver Affekt notwendig. Dieser zeigt sich durch positive somatische Marker, die aus dem Extensionsgedächtnis, also dem Unbewussten, entspringen. Dieses Gedächtnissystem wird durch eine bildhafte, metaphorische Sprache angeregt. Dem zweiten Kennzeichen zufolge wird das Motto-Ziel in Präsens formuliert. Damit bezieht es sich auf die Gegenwart. Das hat zur Folge, dass das Unbewusste einen Zielkorridor erhält, in dem es sofort zielrealisierend handeln kann. Das dritte Kennzeichen bezieht sich auf die bildhafte Sprache. Wenn es gelingt, das Unbewusste für ein bewusst gefasstes Ziel zu gewinnen, verfolgt es dieses Ziel mit seiner besonderen Form der Aufmerksamkeit: der Vigilanz. Dadurch durchforscht das Unbewusste die Umwelt laufend nach passenden Gelegenheiten zur Umsetzung des beabsichtigten Ziels. Die Umsetzung des gewünschten Ziels scheint wie von selbst zu gelingen. Um von dieser grandiosen Fähigkeit des Unbewussten profitieren zu können, muss man wissen, dass es am besten auf eine metaphorische Bildersprache anspringt.

Neben diesen Kennzeichen von Motto-Zielen sollten diese darüber hinaus unbedingt den folgenden drei Kernkriterien entsprechen:

- Kernkriterium 1: Formulierung als Annäherungsziel
- Kernkriterium 2: Sicherstellen von Kontrollerleben
- Kernkriterium 3: Affektbilanz von 0 auf der negativen und mindestens 70 auf der positiven Affektskala

Kernkriterium 1: Annäherungsziel

Eine Formulierung als Annäherungsziel bedeutet, dass damit ein gewünschter Endzustand beschrieben wird. Das Gegenteil zu einem Annäherungsziel ist ein Vermeidungsziel. Dies beschreibt Themen, die man vermeiden möchte. Aus der Zielpsychologie weiß man, dass Personen, die Annäherungsziele verfolgen, eine höhere Erfolgswahrscheinlichkeit haben als welche mit Vermeidungszielen. Im Grunde ist die Formulierung von Annäherungszielen leicht umzusetzen. Im Motto-Ziel ist lediglich auf Verneinungen und Vermeidungswörter zu achten. Tauchen diese auf, sind sie durch eine sprachliche Formulierung zu ersetzen, die den gewünschten Zustand beschreibt. Zum Beispiel wird „weniger ängstlich" durch „mutig" ausgetauscht oder „weniger Sorglosigkeit" durch „Zuversichtlichkeit".

Kernkriterium 2: Kontrollerleben

Eine Person mit Kontrollerleben ist der Überzeugung, dass sie selbst über mindestens eine, wenn nicht mehrere Möglichkeiten verfügt, ihr Leben aktiv zu gestalten. Das Gegenteil ist der Fall, wenn sich eine Person als hilflos empfindet, als Opfer der Umstände, ohne jegliche Möglichkeit, eigene Handlungsmöglichkeiten umzusetzen. Ein zentraler Aspekt in einem Selbstmanagementtraining sollte sein, dass Absichten so formuliert werden, dass deren Umsetzung unter eigener Kontrolle liegt. Zum Beispiel unterliegt der Wunsch nach einem harmonischen Miteinander im Team nicht der Kontrolle einer Person. Ein Ziel im Sinne des Selbstmanagements muss so gestaltet sein, dass die Zielbesitzerin die gewünschten Interaktionen selbst ausführen kann, um das Ziel zu erreichen. Also zum Beispiel: „Mit feinem Gespür nehme ich wahr, wann eine Person Aufmerksamkeit brauchen könnte."

Kernkriterium 3: Positive somatische Maker

Damit die Rubikon-Überquerung sicher gelingt, werden nochmals die somatischen Marker überprüft. Sie sollten Werte von 0 auf der negativen und mindestens 70 auf der positiven Affektskala aufweisen. Dieses Kriterium ist besonders wichtig, wenn vor dem Rubikon Motivkonflikte existieren. Diese werden im ZRM ausschließlich durch Wörtertausch respektive das Auswechseln von Wörtern oder ganzer Satzteile aufgelöst. Die Ideen für die Austauschbegriffe kommen aus dem Ideenkorb. Ausgetauscht werden alle Begriffe, für die bei einer Person negative somatische Marker auftauchen.

Wie können Motto-Ziele, als übergreifende Ziele, auf der Haltungsebene bildhaft formuliert werden? Oder mit anderen Worten: Wie kann ein Mindset aussehen, das im Rahmen des ZRM entwickelt wird?

Die Business Analystin, die gerne fokussierter arbeiten möchte und das Bild des Wanderers gewählt hatte, überquert den Rubikon mit dem Satz „Wie ein Wanderer erreiche ich stetig und energiegeladen mein Ziel." Die Begriffe „stetig" und „energiegeladen" wurden in die Metapher des Wanderers eingebaut. Oft besteht die beste Methode für ein Motto-Ziel darin, eng beim gewählten Bild zu bleiben und es mit positiven Assoziationen aus dem Ideenkorb anzureichern. Der Aspekt der Anstrengung, mit dem der Wunsch nach mehr Fokussierung bei dieser Business Analystin verbunden war, ist mit dieser Formulierung verschwunden.

Der Scrum-Master, der einen Konflikt zwischen seinem Wunsch nach mutigem Auftreten und seinem Bedürfnis nach Besonnenheit und Weitblick entdeckte, entwickelt folgendes Motto-Ziel: „Mit Mut und Besonnenheit erklimme ich hohe Gipfel.“ Es wurde offensichtlich, dass der Bergsteiger sinnbildlich für die Qualitäten Mut und Besonnenheit stand. Ein Bergsteiger, der auf hohe Gipfel klettern kann, verfügt über die Fähigkeiten, um diese Herausforderung zu meistern. Dieses Bild bietet dem Scrum-Master eine gute Möglichkeit, auf seine persönliche Art mutiger und selbstbewusster aufzutreten. Die Themen Mut und Besonnenheit sind für das Unbewusste des Scrum Masters in dem Bild des Bergsteigers vereint.

Der Product Owner, der einen Konflikt zwischen effizienterem Arbeiten und seinem Bedürfnis nach Ruhe und Erholung hatte, tat sich recht schwer, ein passendes Motto-Ziel zu finden. Schließlich entschied er sich für den Satz „Wie die Natur folge ich meinem natürlichen Rhythmus.“ Aus diesem Bild zieht er die Vorstellung, dass sich in der Natur Ruhephasen mit Wachstumsphasen abwechseln. Er kann damit seinem intuitiven Wissen vertrauen, das ihm signalisiert, wann er eine Pause einlegen sollte und wann er wieder über genügend Energie verfügt, um weiterzuarbeiten. Das Bild hilft dem Product Owner dabei, einen Konflikt zu lösen, der ihm aus Sicht des Verstandes unlösbar erschien.

An dieser Stelle sei nochmals betont, dass die Motto-Ziel-Besitzer die Formulierungen selbst wählen. Die anderen Trainingsteilnehmenden unterstützen sie lediglich bei der Formulierung dieser schönen Motto-Ziel-Sätze. Sie dienen als Fremdgehirne und erfüllen eine Hebammenfunktion. Sie liefern Ideen und Vorschläge für geeignete Formulierungen. Nachdem der Ideenkorb mit Vorschlägen der Ideenlieferanten gefüllt ist, macht sich der Motto-Zielbesitzer an die Arbeit. Er stellt die passende Formulierung für sein persönliches Mindset-Motto-Ziel zusammen. Sich im Team Unterstützung zu geben ist prima. Doch die Arbeit wird von der Motto-Zielbesitzerin gemacht. Denn auch hier gilt das Prinzip der Selbstverantwortung.

Schritt 3: Agiles Mindset stärken

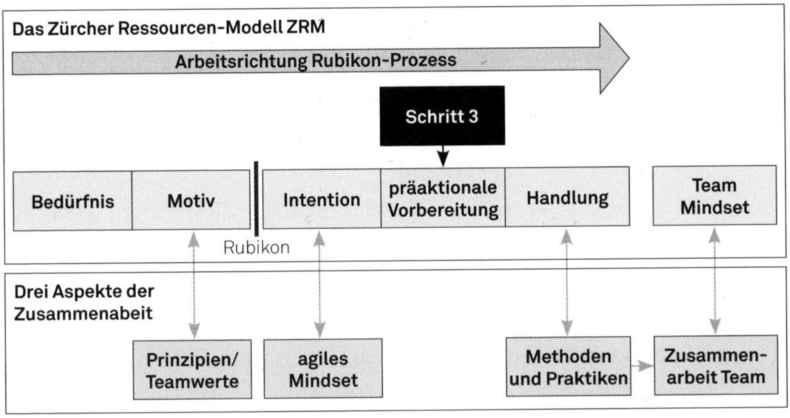

Abbildung 1-15: ZRM und Aspekte der Zusammenarbeit Schritt 3

In der Terminologie des Rubikon-Prozesses befinden wir uns nun in der Phase der präaktionalen Vorbereitung. In dieser Phase werden Maßnahmen ergriffen, die sicherstellen, dass die beabsichtigten Ziele tatsächlich und nachhaltig in Handlung umgesetzt werden können (s. **Abb. 1-15**).

Im Hinblick auf die individuelle Umsetzung der Teamwerte geht es darum, das eben formulierte neue Mindset zu stärken, sodass sich das individuelle Verhalten an dem gewählten Wert ausrichten kann. Das neue Mindset wird im ZRM als neues neuronales Netz angesehen. Es ist zu diesem Zeitpunkt noch unzureichend gebahnt und funktioniert deshalb nicht zuverlässig. Die Aufgabe besteht nun darin, das Mindset respektive das Motto-Ziel im Unbewussten so zu automatisieren, dass es auch in schwierigen Situationen handlungsanleitend ist. Hierzu wird eine Eigenschaft des Gehirns genutzt, die als neuronale Plastizität bezeichnet wird: Das Gehirn ist in der Lage, seine Struktur zu verändern. Das ZRM nutzt diese Fähigkeit dafür, die Zielumsetzung bestmöglich vorzubereiten. Dazu setzt es sogenannte Erinnerungshilfen ein. Damit werden alle möglichen Arten von Gegenständen bezeichnet, die dazu geeignet sind, Assoziationen zum Motto-Ziel zu wecken. Erinnerungshilfen können in zweifacher Weise eingesetzt werden: zum einen als Primes zum unbewussten Lernen, zum anderen als Zielauslöser zum bewussten Lernen (s. **Abb. 1-16**, nachfolgende Seite).

Derselbe Gegenstand kann sowohl als Prime wie auch als Zielauslöser eingesetzt werden. Was damit gemeint ist, soll folgendes Beispiel ver-

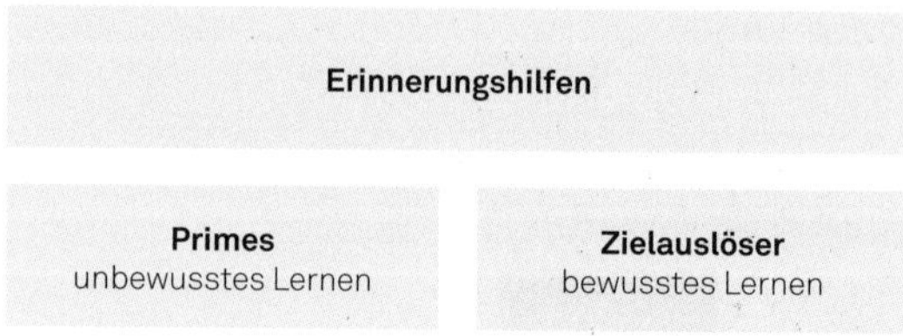

Abbildung 1-16: Erinnerungshilfen

deutlichen. Sabine ist Teamleiterin und möchte im ZRM lernen, gelassen zu bleiben, wenn ihre Kollegen die Arbeiten nicht wie versprochen erledigen. Sie wählt das Bild eines Löwen, der auf einem Felsen ruht. Wenn sie sich nun ein ledernes Armband mit Strasssteinen kauft, die in den Farben einer Löwenmähne funkeln, kann sie dieses in zweierlei Weise verwenden. Zum einen trägt sie das Armband im Alltag, wenn sie mit ihrer bewussten Aufmerksamkeit ihren ganz normalen Aufgaben nachgeht und sich nicht um ihr Motto-Ziel kümmert. In diesem Fall wirkt das Armband als Prime. Es aktiviert und stärkt das neue neuronale Gelassenheitsnetz. In Situationen, in denen Sabines Kollegen die versprochenen Aufgaben nicht erledigen, besteht für Sabine große Gefahr, sich aufzuregen. Ihr altes unerwünschtes neuronales Netz, das mit Ärger und Wut verbunden ist, würde aktiviert werden und die Handlungssteuerung übernehmen. Dann kann Sabine das Armband als Zielauslöser verwenden und damit das Motto-Ziel aktivieren. Sie tut das, indem sie ihre bewusste Aufmerksamkeit auf das Armband legt, es anschaut und berührt. Gleichzeitig vergegenwärtigt sie sich alle damit verbundenen Assoziationen. Durch diese Tätigkeiten beruhigt sie sich nach wenigen Sekunden und erhält Zugriff auf ihr neues Gelassenheits-Motto-Ziel.

Priming basiert auf neurowissenschaftlichen und gedächtnistheoretischen Forschungen zum impliziten, also unbewussten Lernen. Man weiß heute, dass es zwei Möglichkeiten zum Wissenserwerb gibt. Die eine besteht darin, eine Sache ständig zu wiederholen, zu üben und zu trainieren. Ein gutes Beispiel dafür ist das Autofahren. Vielleicht erinnern Sie sich noch daran, wie anstrengend die ersten Fahrstunden waren. Es erforderte viel Konzentration und völlige Aufmerksamkeit, um den Wagen auf der Straße zu halten und zum vorgesehenen Ziel zu lenken. Nach einigen Fahrstunden ging es bereits wesentlich leichter und nach vielen Jahren Fahrerfahrung gelingt es fast wie von selbst. Diese Methode des Lernens funktioniert gut, hat jedoch einen entscheidenden Nachteil: Sie ist sehr zeitintensiv. Um diesem Nachteil aus dem Weg zu gehen, nutzt das ZRM die Vorgehensweise des Primings. Dabei wird durch einen Stimulus unterhalb der Bewusstseinsschwelle eine Gedächtnisspur aktiviert, die in der Folge Gedanken, Gefühle und Verhalten beeinflussen kann. In der psychologischen Forschung gibt es zahlreiche Experimente, in denen Probanden auf bestimmte Themen geprimt wurden. Beispielsweise gibt es zahlreiche Versuche mit Satzergänzungsaufgaben. Die Aufgabe besteht darin, einen Satz mit ausgewählten themenspezifischen Begriffen zu vollenden. Soll beispielsweise auf das Thema Leistung geprimt werden, ist ein Satz mit Wörtern wie „erfolgreich sein“, „siegen“ oder „erzielen“ zu ergänzen. Es hat sich gezeigt, dass die Versuchspersonen die anschließende Aufgabe mit besserem Erfolg bearbeiten als welche, die die vorherige Satzergänzungsaufgabe nicht gelöst haben. Gleiches wurde für das Thema Kooperation nachgewiesen. Jene Personen, die Sätze mit Begriffen wie „fair“, „teilen“ oder „Zusammenarbeit“ ergänzen mussten, zeigten sich danach deutlich kooperativer (Storch & Krause, 2014). Man geht heute davon aus, dass Priming nicht nur bei den eben beschriebenen Gedächtnisinhalten wirkt, sondern sich dieselben Mechanismen im Gehirn auch bei der Zielthematik abspielen. Deswegen ist Priming für das Selbstmanagement interessant.

Ein Vorteil des Primings liegt auf der Hand: Das Umfeld einer Person muss nur einmal mit den entsprechenden Gegenständen ausgestattet werden. Fortan laufen die Lernprozesse automatisch unterhalb der Bewusstseinsschwelle ab. Sie benötigen keine bewusste Aufmerksamkeit mehr. Im ZRM-Training erhalten alle Teilnehmenden Ideen und Anregungen für Primes mit der Technik des Ideenkorbs. Auf diese Weise können sie sich einen höchst persönlichen Pool von Ideen anlegen. Diese Form des Lernens bereitet Freude, ist leicht und löst viele positive somatische Marker aus. Das macht einen deutlichen Unterschied zum Lernen durch Üben und Wiederholen, das häufig mit harter Arbeit und Langeweile verbunden ist.

Ein weiterer Vorteil des Primings liegt in der Funktionsweise des Gehirns in schwierigen Situationen. In diesen Fällen kann es günstig sein, von bewusster Handlungskontrolle auf unbewusste Zielverfolgung umzustellen. Wenn das Gehirn in schwierigen Situationen auf Autopilot schaltet, kann durch kluges Priming zielrealisierend gehandelt werden. Wenn das gelingt, achten Menschen unterschwellig auf zielrelevante Informationen in ihrer Umgebung. Diese gleichförmige Aufmerksamkeit unterhalb der Bewusstseinsschwelle wird als Vigilanz bezeichnet (Scheffer & Kuhl, 2006). Unbewusst aktivierte Ziele werden gegenüber konkurrierenden Zielen abgeschottet und favorisiert. In der Fachsprache wird dies als „goal shielding" bezeichnet. Gemeint ist damit, dass man am Ball bleibt und das Ziel unbedingt erreichen möchte, selbst wenn es schwierig wird. Unbewusst aktivierte Ziele zeichnen sich darüber hinaus durch eine weitere Eigenschaft aus: Sie wirken ausgesprochen strategisch. Selbst wenn sich eine Situation unvorhersehbar und überraschend entwickelt, kann das angestrebte Ziel mit diesen Ereignissen synchronisiert werden. Das funktioniert, weil unbewusst gespeicherte Ziele in einer Art Parallelverarbeitung abgearbeitet werden, bei der sowohl Umwelteinflüsse wie auch persönliche Erfahrungen berücksichtigt werden (Storch & Kuhl, 2013). Es gibt also viele Gründe, die Phase der präaktionalen Vorbereitung sorgsam durchzuführen. Danach ist man optimal gerüstet, um in schwierigen Situationen zielfokussiert zu handeln. Durch geeignetes Priming ist das Unbewusste gut instruiert und die automatische Zielumsetzung kann sicher ablaufen.

Das ZRM-Training bietet viele Anregungen für Gegenstände, mit denen geprimt werden kann. Die Liste ist umfangreich: Sie beginnt mit bestimmten Musikstücken, ausgewählten Düften bis hin zu festgelegten Farben, auf die man sich primen kann. Speziell ausgewählte Kleidungsstücke, Einrichtungs- und Gebrauchsgegenstände eignen sich genauso wie Schmuckstücke oder Schlüsselanhänger. Auch Bildschirm- oder Handyhintergründe eignen sich gut zum Primen, ebenso wie Passwörter oder ein besonderer Handyklingelton. Was die Wahl der Primes angeht, sind dem Ideenreichtum keine Grenzen gesetzt. Durch diese Vielzahl an Varianten ist sichergestellt, dass alle die Primes finden, mit denen sie gut arbeiten können. Im ZRM wird so lange geprimt, wie ein bestimmtes Motto-Ziel Gültigkeit hat. Mit diesem dauerhaften Priming sind die unbewussten Lernprozesse ungleich wirksamer, als wenn nur kurzfristig geprimt wird. Wesentlich ist, dass die Zielsetzenden ihr Umfeld systematisch mit Primes ausstatten. Das bewirkt, dass das neue neuronale Netz dauernd benutzt wird, obwohl die bewusste Aufmerksamkeit bei ganz anderen Themen liegt.

Die Business Analystin, die gerne fokussierter arbeiten möchte, stattet zunächst ihren Arbeitsplatz mit Primes aus. Sie richtet das ZRM-Bild des

Wanderers als Bildschirmhintergrund ein, kauft sich eine Kaffeetasse mit dem Emblem des Alpenvereins, Post-it-Etiketten in Form einer Zielscheibe sowie Bonbons mit einem frischen Kräuteraroma. Damit wird sie an ihrem Arbeitsplatz laufend auf ihr Fokussierungsthema geprimt. Zusätzlich besorgt sie sich einen Schlüsselanhänger in Form von Wanderstiefeln. Auf diese Weise ist sichergestellt, dass sie auch dann auf ihr Fokussierungsziel geprimt wird, wenn sie unterwegs ist.

Der Scrum Master, dessen Ziel das mutige Auftreten ist, entscheidet sich ebenfalls für mehrere Prime-Themen. Er verkleinert das Bild des Gipfelstürmers, sodass es in seinen Geldbeutel passt, und bewahrt es dort auf. Immer wenn er etwas bezahlt, wird er damit an sein Gipfelstürmerauftreten erinnert. Außerdem installiert er den Queen-Song „We are the Champions" als Klingelton auf seinem Handy. Damit verbindet er das Gefühl des Selbstvertrauens und kommt in eine Aufbruchsstimmung, die ihn die Dinge anpacken lässt, selbst wenn sie schwierig erscheinen. Sein Lieblingsgürtel erhält eine neue Schnalle in Form eines Berges und fungiert damit als dauerhafter Prime. In der Tasche bewahrt er einen besonders geformten Stein auf, den ihm sein Arbeitskollege von seiner letzten Gipfeltour mitgebracht hat.

Der Product Owner, der seinem natürlichen Rhythmus folgen möchte, entscheidet sich für ein kleines Orangenbäumchen, das er neben seinem Schreibtisch aufstellt. Momentan trägt es Früchte, die noch reifen werden. Diese Pflanze erinnert ihn an den natürlichen Rhythmus der Natur und daran, dass er ebenfalls seinem eigenen Rhythmus vertrauen kann. Er beschließt, die Farbe Grün zu seiner Ressourcenfarbe zu machen, und kauft sich ein lindgrünes Hemd, eine grüne Lederhülle für sein Handy und eine edle Uhr mit einem dunkelgrünen Armband. So wird er mit jedem Blick auf die Uhrzeit auf sein Motto-Ziel geprimt. Außerdem hat er sich einen Tageskalender mit Pflanzenmotiven und eine fein duftende Kräuterteemischung besorgt.

Schritt 4: Agiles Mindset in den Alltag integrieren

Im vierten Schritt des ZRM-Trainings geht es darum, die Verbindung zwischen Intention und Handlung zu stärken, damit das neuronale Netz automatisiert, zuverlässig und ohne kognitive Anstrengung funktioniert. Oder in anderen Worten formuliert: Welche Methoden können genutzt

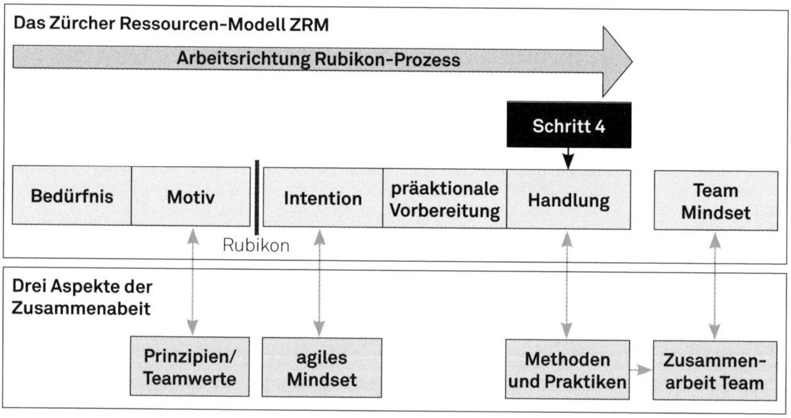

Abbildung 1-17: ZRM und Aspekte der Zusammenarbeit Schritt 4

werden, damit ein Ziel die bestmöglichen Chancen zur Umsetzung hat (s. **Abb. 1-17**)?

Wenn-Dann-Plan

Es ist wissenschaftlich nachgewiesen, dass Ziele wesentlich besser umgesetzt werden, wenn sie als Ausführungs- und nicht als Zielintention formuliert sind (Gollwitzer, 1999). Zielintentionen haben die Form: „Ich beabsichtige Y zu tun." Ausführungsintentionen sind wesentlich präziser formuliert: „Wenn die Situation X eintritt, dann beabsichtige ich Y zu tun." Damit wird ein situativer Hinweisreiz an eine gewünschte Handlung gekoppelt, wodurch eine automatische Reaktion ausgelöst wird. Diese sogenannten Wenn-Dann-Pläne erzeugen Sofortautomatismen (Storch & Krause, 2014). Wenn-Dann-Pläne weisen weitere Vorteile auf. Zum einen ist mit ihnen ein höheres persönliches Gefühl der Verpflichtung verbunden. Diese Eigenschaft ist sehr nützlich, wenn es um die Umsetzung der Teamwerte geht. Zum anderen gelingt es leichter, eine zielgerichtete Handlung zu beginnen. Beispielsweise den Bus zu nehmen, statt ins Auto zu steigen.

Wenn-Dann-Pläne bestehen aus drei Elementen:

- Situation, bei der die beabsichtigte Handlung ausgelöst werden soll
- Beabsichtigte beabsichtigte Handlung
- mentale Verknüpfung zwischen Situation und Handlung

Das Prinzip des Wenn-Dann-Plans ist im Grunde simpel: Bei einem entsprechenden Auslösereiz aus der Umwelt wird die gewünschte Handlung ausgelöst. Sie können sich diesen Mechanismus gut am Beispiel eines Froschs vorstellen. Sobald dieser eine Fliege sieht, schnellt seine Zunge nach vorne. Dafür benötigt er keinerlei Bewusstheit. Es geschieht völlig automatisch. Beim Menschen funktioniert dieser Grundmechanismus genau gleich. Allerdings gibt es einen entscheidenden Unterschied: Ein Mensch kann bewerten, was er von einem Automatismus hält. Ob er ihn gut findet, wie beispielsweise beim Karate, wenn die einfache Kata endlich zuverlässig klappt. Oder ob er den ihn gar nicht schätzt, wie zum Beispiel das Leeren einer Chipstüte beim Fernsehschauen. Wie eine Person einen Automatismus beurteilt, ist das Ergebnis bewusster Überlegungen des Verstandes. Unabhängig davon, wie diese Bewertung des Verstandes ausfällt – vom Unbewussten wird der Automatismus immer auf dieselbe Weise erzeugt: Ein Auslösereiz aus der Umwelt löst eine bestimmte Handlung aus.

Das ZRM-Training unterscheidet zwischen haltungsaktivierenden und verhaltensaktivierenden Wenn-Dann-Plänen. Genauso wie sich Ziele als Haltungs- oder Verhaltensziel formulieren lassen, verhält es sich mit Wenn-Dann-Plänen. Um einen haltungsorientierten Wenn-Dann-Plan handelt es sich, wenn im Dann-Teil ein Verhalten beschrieben ist, dass die Haltung des Motto-Ziels auslöst. Beispielsweise könnte Sabine, die Teamleiterin, folgenden Wenn-Dann-Plan formulieren: „Wenn meine Kollegen ihre Arbeiten nicht wie versprochen erledigen, dann vergegenwärtige ich mir mein Löwenbild." Ihr geplantes Verhalten besteht darin, ihr Löwen-Motto-Ziel zu aktivieren. Sie legt kein konkretes Verhalten fest. Wie sie sich in der entsprechenden Situation konkret verhält, entscheidet das Unbewusste spontan und adäquat innerhalb des Zielkorridors des Motto-Ziels. Ein verhaltensorientierter Wenn-Dann-Plan liegt vor, wenn im Dann-Teil ein konkretes gewünschtes Verhalten im Sinne des Motto-Ziels beschrieben ist. Würde Sabine ihren Wenn-Dann-Plan verhaltensorientiert formulieren, so würde er lauten: „Wenn meine Kollegen ihre Arbeiten nicht wie versprochen erledigen, dann atme ich dreimal tief durch."

Es empfiehlt sich, den Wenn-Dann-Plan einmal zu notieren, um die mentale Verknüpfung zwischen Situation und Handlung sicherzustellen. Wesentlich ist, dass er ohne abzusetzen und ohne Unterbrechung niedergeschrieben wird.

Situationstypen-ABC

Damit optimale Voraussetzungen für zielrealisierendes Handeln gegeben sind, werden im ZRM weitere Vorbereitungen getroffen. Dazu werden Alltagssituationen in drei Kategorien eingeteilt. Für jede Kategorie gibt es im ZRM geeignete Maßnahmen, die einen bestmöglichen Umgang mit dem jeweiligen Situationstyp ermöglichen. Folgende Kategorien werden im ZRM unterschieden:

- Situationstyp A: Situationen, in denen die Umsetzung des Motto-Ziels einfach und automatisch gelingt
- Situationstyp B: Situationen, in denen die Umsetzung des Motto-Ziels schwierig ist, die jedoch vorhersehbar sind und damit vorbereitet werden können
- Situationstyp C: Situationen, in den die Umsetzung des Motto-Ziels schwierig ist und die überraschend auftreten und deshalb nicht vorbereitet werden können

Diese Einteilung der Situationstypen in Schwierigkeitsgrade ändert sich im Verlaufe der Zeit. Mit Üben und Anwenden verändern sich C-Situationen zu B-Situationen und aus B-Situationen werden A-Situationen.

Beim Situationstyp A gelingt es bereits, das Motto-Ziel umzusetzen. Es ist dank seiner stark motivierenden Formulierung im Unbewussten gespeichert. Durch den Einsatz von Primes ist das entsprechende neuronale Netz bereits stärker gebahnt. Aufgrund der besonderen Aufmerksamkeitsform des Unbewussten, der Vigilanz, wird es bei passenden Gelegenheiten aktiviert und zielrealisierendes Handeln ausgelöst. Dies geschieht automatisch, leicht und oft völlig unbemerkt. Diese anstrengungslose Form der Handlungssteuerung ist genau das, was mit dem ZRM beabsichtigt wird. Obschon in diesen Situationen bereits alles wunderbar funktioniert, sollte man ihnen Beachtung schenken. Bemerkt eine Person nämlich überhaupt nicht, dass sie bereits zielrealisierend gehandelt hat, kann sie es nicht positiv bewerten. Es stellt keinen Erfolg für sie dar. Doch diese bewusste Bewertung des zielrealisierenden Handelns ist in zweierlei Hinsicht wesentlich. Einerseits erhöht sie das Selbstwirksamkeitserleben einer Person und ermöglicht die dauerhafte Integration dieser Handlungskompetenz in das Selbst (Storch & Kuhl, 2013). Andererseits wird durch den Erfolg eine Dopaminausschüttung im Gehirn ausgelöst. Das hat die Stabilisierung von Lernvorgängen und die Bahnung der entsprechenden neuronalen Netze zur Folge. Aus diesen Gründen wird im ZRM-Training empfohlen, sämtliche Motto-Ziel-Erfolge täglich zu notieren. Dieses persönliche Erfolgstagebuch sollte für mindestens vier Wochen nach Ende des ZRM-Trainings geführt werden. Damit ist gewährleistet, dass die Teilnehmenden bewusst wahrnehmen und anerkennen, wie sie mit der Umsetzung des persönlichen Teamwertes stetig weiterkommen.

Das ZRM bezeichnet Situationstyp B als „Fitnessstudio für das neuronale Netz". Mit diesen Situationen wird die Umsetzung des Motto-Ziels geübt und trainiert. Dabei handelt es sich um schwierige Situationen, von denen man weiß, dass sie sicher zu einem bestimmten Zeitpunkt eintreten werden. Sie lassen sich also vorbereiten. Für diese Vorbereitungsaktivitäten werden die Teilnehmenden zunächst gebeten, für die gewählten schwierigen Situationen den jeweiligen Herausforderungsgrad einzuschätzen und auf einem Thermometer mit einer Skala von 0 bis 100 einzutragen. Dadurch sollen sie jene Alltagssituationen, in denen sie ein neues Motto-Ziel umsetzen möchten, in Bezug auf ihre Fähigkeiten differenzierter beurteilen. Danach wählen alle Teilnehmenden eine Situation mit einem mittleren Schwierigkeitsgrad zwischen 40 und 60. Diese Auswahl eines geeigneten Schwierigkeitsgrades wird als Anspruchsniveausetzung bezeichnet. Dieser Begriff kommt aus der Leistungsmotivationsforschung. Er beruht auf der Erkenntnis, dass ein mittlerer Schwierigkeitsgrad für das Erleben von Erfolg und Misserfolg durch eine Person am geeignetsten ist. Kann jemand in diesen planbaren, schwierigen Situationen zielrealisierend handeln, ist dies für die handelnde Personen ein Erfolg, mit dem Freude und Stolz verbunden sind. Gelingt ihr die Umsetzung ihres Ziels hingegen nicht, ist es also ein Misserfolg, dann sieht sie die Gründe hierfür höchstwahrscheinlich in der eigenen Person begründet. Sie macht nicht die äußeren Umstände dafür verantwortlich. Diese Erkenntnisse stehen somit für die Planung einer weiteren B-Situation zur Verfügung. Insgesamt wird durch dieses Vorgehen das Selbstwirksamkeitserleben einer Person positiv beeinflusst. Gleichzeitig bewirkt es langfristig die Verbesserung der Kompetenz zur Selbsteinschätzung der eigenen Fähigkeiten.

Für diese schwierigen B-Situationen mit einem passenden Schwierigkeitsgrad werden präzise Pläne ausgearbeitet. Zunächst beschreiben die Teilnehmenden möglichst genau, um welche Situation es sich handelt, wer daran beteiligt ist und welche Rahmenbedingungen gegeben sind.

Danach legen sie fest, welche Erinnerungshilfen sie nutzen möchten. Die Business Analystin, die fokussierter arbeiten möchte, identifiziert zum Beispiel den letzten Tag vor Abgabetermin einer Kundendokumentation als Situation mit geeignetem Schwierigkeitsgrad. Sorgfältig befestigt sie am Morgen dieses Tages die Zielscheibenetiketten an Telefon und PC, auf der Schreibunterlage, dem Notizblock und dem Wasserglas. Der Scrum Master beginnt vor seiner nächsten Moderation bereits zu Hause mit dem Einsatz der Zielauslöser. Er hört sich den Queen-Song „We are the Champions" an und trägt den Gürtel mit der als Berg geformten Schnalle. In der Hosentasche verwahrt er den Stein von der Gipfeltour seines Kollegen. So kann er den Stein jederzeit mit der Hand anfassen, wenn er merkt, dass ihn der Mut zu verlassen droht. Der Product Owner, der eine wichtige Terminangelegenheit effizient erledigen möchte, ohne sich dabei völlig zu verausgaben, setzt seine Ressourcenfarbe Grün ein. Er trägt sein lindgrünes Hemd und packt sich einen Kräutersmoothie und ein Avocadosandwich für zwischendurch ein. Außerdem stellt er das ZRM-Bild mit der wunderbaren grünen Frühlingswiese auf seinen Schreibtisch. Darauf kann er seinen Blick richten und es als Zielauslöser nutzen, wenn er merkt, dass er eigentlich eine Pause nötig hätte.

C-Situationen sind schwierige Situationen, die jedoch nicht plangemäß wie B-Situationen, sondern überraschend und unvorhersehbar eintreten. Oft erkennt man erst im Nachhinein, dass es sich um eine C-Situation gehandelt hat. Direkt nach Ende des ZRM-Trainings sind diese C-Situationen noch nicht zu bewältigen. Es ist mehr Zeit notwendig, bis die Automatismen des neuen Motto-Ziels so zuverlässig funktionieren, dass ein überraschendes Auftreten schwieriger Situationen als Auslöser für ein gewünschtes Verhalten wirkt. Im ZRM-Training erhalten die Teilnehmenden Informationen darüber, wie sie mit diesen Situationen umgehen können. Auch hier steht der Erhalt der Selbstwirksamkeitsüberzeugung im Mittelpunkt. Sie sollte bei einem Misserfolg ebenfalls erhalten bleiben. Mit Misserfolgen einen guten Umgang zu haben, ist Bestandteil einer umfassenden Kompetenz zum Selbstmanagement.

Das folgende Beispiel beschreibt eine schwierige C-Situation. Der Scrum Master bereitet seine Meetingmoderation mit seinen Zielauslösern sehr gut vor, damit er mutig und selbstbewusst auftreten kann. Inmitten des Meetings wird Noah, ein Entwickler, plötzlich aggressiv und beschimpft ihn lauthals. Das ist keineswegs eine misslungene B-Situation. Es handelt sich um eine schwierige C-Situation. Wesentlich ist nun die Reaktion des Scrum Masters. Wenn er diesen Ausbruch wortlos über sich ergehen lässt und danach wieder zur Tagesordnung übergeht, hat sein altes, unerwünschtes Verhaltensmuster die Führung übernommen. Bei der nachfolgenden Analyse seines Verhaltens stellt er fest, dass der Entwickler überraschend und unvorhersehbar aggressiv wurde. Sein Automatismus, der ihn das alles kommentarlos erleiden lässt, ist eindeutig einer C-Situation zuzuordnen. In einem ersten Schritt trägt der Scrum Master diese Situation in ein eigens dafür vorgesehenes Logbuch ein. In einem zweiten Schritt geht es darum, dass er sich sein Verhalten nicht länger vorwirft und die damit verbundenen negativen Gefühle nicht länger aufrechterhält. Sein neues neuronales Netz war einfach noch nicht stark genug, um automatisch anzuspringen. In einem dritten Schritt identifiziert er Warnsignale, die ihn darin unterstützen, diese Situationen zukünftig besser vorzubereiten. Ein klares Warnsignal ist beispielsweise die Anwesenheit von Noah in einem Meeting. Für das nächste Meeting formuliert er sich folgenden haltungsaktivierenden Wenn-Dann-Plan: „Wenn ich Noah sehe, dann greife ich nach dem Gipfelstürmerstein in meiner Hosentasche." Damit hat der Scrum Master aus der ehemaligen C-Situation eine B-Situation gemacht, die er mit den gesammelten Erinnerungshilfen vorzüglich vorbereiten kann. Mit diesen drei Schritten können im Verlaufe der Zeit C-Situationen zu B-Situationen gemacht werden, die sich nach und nach zu A-Situationen verwandeln. Die Person hat ihr Verhaltensrepertoire um eine weitere Option erweitert, indem der Umgang mit aggressivem Verhalten souverän gelingt.

Das Situationstypen-ABC ermöglicht es, Situationen für die Umsetzung der Werte im Teamalltag einzuordnen und strategisch zu planen. Die Umsetzung einzelner Werte wird fassbar und konkret. Alle wissen, wie sie ihre gewählten Werte in ihren Alltag integrieren können. Bis das persönliche Handeln zuverlässig an einem Wert ausgerichtet ist, dauert es ungefähr sechs Monate. Diese Zeit ist notwendig, bis das neuronale Netz des neuen Mindsets automatisiert und daraus eine neue Gewohnheit geworden ist.

Schritt 5: Team-Mindset entwickeln

Direkt in Anschluss an Schritt 4 erfolgt nun die Konsolidierung des jeweiligen persönlichen Mindsets aller Teammitglieder zu einem gemeinsamen Team-Mindset. Es ist ein Motto-Ziel auf Teamebene, das eine gemeinsame Haltung beschreibt. Es wird aus den gesammelten Lieblingsideen der Teammitglieder gebildet. Idealerweise entsteht dadurch neuer Teamspirit, also ein starkes Gemeinschaftsgefühl, das sowohl für eine effektive Koordinationsleistung wie auch für eine umfassende gegenseitige Unterstützung förderlich ist (s. **Abb. 1-18**).

Das Team-Mindset wird folgendermaßen entwickelt: Zunächst vergeben die Teilnehmenden für alle Lieblingsideen aus Schritt 1 des ZRM-Trainings Punkte. Daraufhin erarbeiten sie aus den sechs Lieblingsbegriffen mit der höchsten Punktzahl Vorschläge für das Team-Mindset. Abschließend bewerten die Teilnehmenden die Vorschläge und wählen den favorisierten Mindset-Kandidaten. Dieser wird so lange angepasst, bis es für alle im Team stimmt. Maßgeblich dafür sind die drei Kernkriterien aus Schritt 2, die bereits für das persönliche Mindset Anwendung fanden. Sind diese erfüllt, steht das Team-Mindset fest. Es ist wiederum in einer metaphorischen Sprache abgefasst und kann beispielsweise folgendermaßen lauten: „Mit unseren Bärenkräften ziehen wir an einem Strang", „Wir spielen zusammen wie ein Orchester und verbreiten Freude und Begeisterung" oder „Mit unserem Friend-Ship segeln wir in unentdeckte Gewässer".

Das Team-Mindset repräsentiert ein gemeinsames Ziel des Teams, das die bewusste und unbewusste Ebene miteinbezieht. Auf diese Weise entsteht ein gemeinsames inneres Bild von wertebasierter Teamarbeit. Die persönlichen Vorstellungen von einer gelingenden Zusammenarbeit wachsen zusammen. Auf dieser Basis können eine effektive

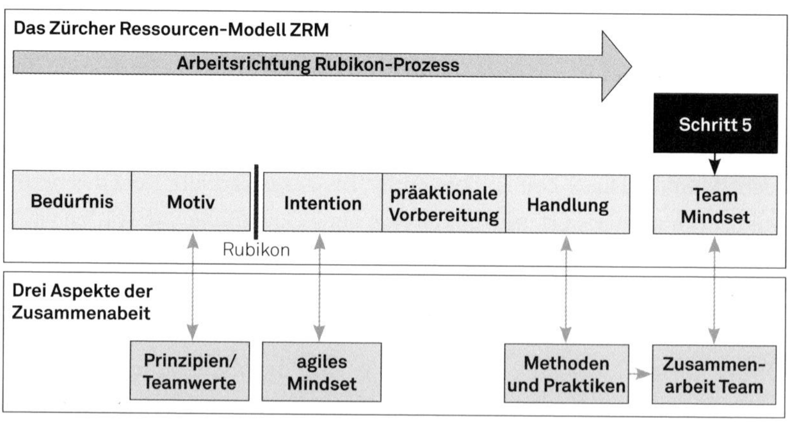

Abbildung 1-18: ZRM und Aspekte der Zusammenarbeit Schritt 5

Koordinationsleistung des Teams und eine optimale gegenseitige Unterstützung gelingen: schnelle und effektive Kommunikation, die ohne viele Worte auskommt. Ein gemeinschaftliches Arbeiten, obgleich keine expliziten Prozesse vereinbart sind. Handlungen und Bedürfnisse der Teammitglieder werden vorweggenommen, obwohl nicht ausdrücklich darüber gesprochen wird. Die Teamkoordination in dieser impliziten Weise funktioniert dann, wenn die Teammitglieder über gemeinsame mentale Modelle verfügen. Sie teilen die persönlichen Vorstellungen über Teamarbeit miteinander (Boos, Kolbe & Strack, 2011). Wesentlicher Bestandteil des mentalen Modells ist ein gemeinsames Ziel, das sowohl bewusste wie auch unbewusste Aspekte einbezieht, also ein gemeinsames Team-Mindset.

Schritt 6: Transfer, Integration und Abschluss

Der letzte Schritt des ZRM-Trainings ist in der Abbildung der Rubikon-Phasen nicht dargestellt. Er beschäftigt sich mit dem Einsatz der Ressourcen für das Team-Mindset sowie mit der Ressourcenaktivierung auf sozialer Ebene.

Auch beim Team-Mindset handelt es sich um ein neues neuronales Netz, das stärker gebahnt werden muss, bevor es zuverlässig funktioniert. Hierfür nutzt das ZRM die bewährte Methode des Primings. Das Team sucht sich Gegenstände, um sich damit auf das gemeinschaftliche Mindset-Motto-Ziel zu primen. Dies können Kaffeetassen oder ein Spruchband mit aufgedrucktem Team-Mindset sein. Auch Untersetzer für Gläser, Sticker oder T-Shirts eignen sich vorzüglich. Der Fantasie sind keine Grenzen gesetzt. Alles ist geeignet, was dazu dient, das Team-Mindset möglichst oft unbewusst zu aktivieren. Eine weitere Variante besteht darin, dass das Team gemeinsam ein Bild mit dem Team-Mindset gestaltet. Das kann später nicht nur in den Büroräumlichkeiten aufgehängt werden, es unterstützt auch eine lockere Atmosphäre im Team und hat einen positiven Einfluss auf die Beziehungen untereinander.

Zu Beginn des ZRM-Trainings haben alle Teilnehmenden offengelegt, an welchem Teamwert sie ihr Handeln zukünftig ausrichten möchten. Sie haben entschieden, welche persönlichen Themen sie für sich behalten und welche sie in den öffentlichen Raum geben. Selbstverständlich gilt für alle Trainingsteilnehmenden die Schweigepflicht. Alle Teilnehmenden haben erfahren, wie sie mit ihren Themen wertgeschätzt werden. Sie haben die anderen als anteilnehmend und hilfsbereit erlebt. Ein Gemeinschaftsgefühl konnte sich entwickeln. Das Team hat sich in allen Phasen des ZRM-Trainings unterstützt. Diese Unterstützung wird nach Trainingsende beibehalten und erleichtert die Umsetzung des Motto-Ziels. Hierfür sollten im Team immer wieder Gelegenheiten geschaffen werden, die den Austausch von Erfahrungen und erlerntem Wissen ermöglichen. Im ZRM-Training ist die gegenseitige Unterstützung der Kursteilnehmenden ein zentrales Element. Es ist darauf ausgerichtet, dass jede und jeder positive Rückmeldung erhält und sich als hilfreich für andere erlebt. Es entsteht ein Klima gegenseitiger Unterstützung und eine wohlwollende, offene, wertschätzende Atmosphäre. Die Kommunikation ist ressourcenorientiert und konstruktiv. Sprachliche Äußerungen werden sorgfältig ausgewählt und deren Auswirkungen beim Gegenüber anhand somatischer Marker überprüft. Diese Form der Zusammenarbeit entfaltet eine nachhaltig positive Wirkung, die alle Teilnehmenden des ZRM-Trainings erleben. In diesen Trainingstagen erfährt jede und jeder, wie gute Zusammenarbeit hinsichtlich Kooperationsfähigkeit, Kommunikation und Umgang mit der Einzigartigkeit jedes Menschen funktionieren kann. Diese Themen haben wir bereits als Prinzipien der Zusammenarbeit in Kapitel 1.2 kennengelernt. Nach dem ZRM-Training verfügen die Teilnehmenden nicht nur über ein persönliches und ein Team-Mindset, sondern haben auch praktische Erfahrungen mit erfolgreicher Zusammenarbeit im Team. Damit kann es ihnen leichter gelingen, diese Erkenntnisse in den Teamalltag zu überführen.

Das ZRM ist ideal für den Aufbau eines agilen Mindsets geeignet, das die Umsetzung der Teamwerte zum Inhalt hat. Ein persönlicher Wert bildet das beabsichtigte Motiv. Für diesen bewussten Vorsatz wird zunächst der Input des Unbewussten abgeholt. Sind die unbewussten Bedürfnisse in Sprache übersetzt und mit dem bewussten Motiv synchronisiert, gelingt die Rubikon-Überquerung. Es ist eine Intention vorhanden. Sie wird durch das persönliche ZRM-Motto-Ziel repräsentiert. In der IT-Terminologie bezeichnen wir diese Zielformulierung als agiles Mindset. Danach folgen zahlreiche unterstützende Methoden und Praktiken zur Vorbereitung und Durchführung des gewünschten Handelns. Abschließend werden die persönlichen Motto-Ziele aller Teammitglieder zu einem gemeinschaftlichen Team-Mindset vereinigt. Dann sind umfassende Vorbereitungen getroffen, damit die Zusammenarbeit im Team ein Erfolg werden kann. Jede und jeder Einzelne verfügt über ein persönliches Mindset, das sie oder ihn bestmöglich in der Umsetzung ihres oder seines gewählten Wertes unterstützt. Indem dies allen Mitarbeitenden immer besser gelingt, profitiert die Zusammenarbeit aller im Team. Diese wird durch eine zunehmende Teamkoordination verbessert, die durch das Team-Mindset ermöglicht wird. Last but not least hat jede und jeder Teilnehmende im ZRM-Training praktisch erfahren, wie wirkungsvoll und konstruktiv eine Zusammenarbeit in einer Gruppe gestaltet werden kann.

Wie geht es nun weiter? Vielleicht möchten Sie erfahren, wie das ZRM-Training konkret mit den Protagonisten aus Patricks Team durchgeführt wird. Wie die Exploration der unbewussten Bedürfnisse in der Praxis aussieht. Oder mit welchen Mindset-Motto-Zielen das Training weitergeht. Ich bitte Sie noch um einen Moment Geduld. Wir werden uns diesen Themen widmen. Doch zunächst müssen wichtige Vorbereitungen getroffen werden. Erinnern wir uns: Die Teamwerte liefern Input für das Motiv. Nun sind einige Fragen rund um diese Werte zu klären: Welche Teamwerte sind die richtigen? Wer schlägt sie vor? Und wer entscheidet darüber? Wenn diese Punkte geklärt sind, schauen wir, wer überhaupt ein agiles Mindset benötigt. Und was, wenn jemand kein agiles Mindset möchte?

2 Vorbereitung für das ZRM-Training zum agilen Mindset

2.1. Welche Teamwerte in das agile Mindset gehören

Folgender Wertekreis zeigt eine Auswahl wesentlicher Werte (s. **Abb. 2-1**, nachfolgende Seite). Werte lassen sich als Indikatoren für Motive auffassen und können demzufolge Motivgruppen zugeordnet werden. Die folgenden vier Motivgruppen Beziehung und Nähe, Freiheit und Selbstbestimmung, Macht und Einfluss sowie Leistung und Qualität werden in der Psychologie meist unterschieden. Mit dieser Gruppierung kommt Übersicht und Ordnung in die Werte.

Angesichts der zahlreichen Werte lässt sich trefflich darüber diskutieren, welche Werte in ein „richtiges" agiles Mindset gehören. Eine Diskussion darüber ist müßig. Ausschlaggebend ist vielmehr die Frage: Welche Werte unterstützen unser Team bestmöglich in der Erreichung unserer Ziele?

Geht es darum, innovative Produkte zu entwickeln? Hierfür sind Kreativität, Offenheit, Inspiration gefragt. Überwiegt das Silodenken und kümmert sich jeder vorwiegend um sein „Ding"? Bleibt die Zusammenarbeit auf der Strecke? Dann geht es um Kooperationsfähigkeit, Verlässlichkeit und Vertrauen. Arbeiten alle im Homeoffice und der Zusammenhalt droht zu zerbrechen? Hier helfen Anteilnahme, Empathie und Humor weiter. Die genannten Werte befinden sich alle auf der rechten Seite des Wertekreises. Es sind Werte, die typischerweise als agil bezeichnet werden. Viele Teams haben ihre Wurzeln in leistungsorientierten Organisationen. Dort sind üblicherweise Werte von der linken Seite des Wertekreises dominant. Die Zusammenarbeit ist vornehmlich durch Führung und Kontrolle geregelt. Werte wie Effizienz, Pflicht und

Abbildung 2-1: Wertekreis

Disziplin sind wichtig. Sie werden meist implizit vorausgesetzt. Für diese Teams bedeutet die Umstellung auf Agilität einen Wertewandel. Dieser Begriff führt leicht in die Irre. Suggeriert er doch, dass nur noch agile Werte wichtig seien. Wenn das zutrifft: Was bedeutet das für Teams, die den laufenden Betrieb der IT-Applikationen sicherstellen? Sollen sie auf Genauigkeit, Ordnungssinn und Weitsicht verzichten? Wie geht es Teams, die für den IT-Support zuständig sind? Ist ihre Pünktlichkeit, Hartnäckigkeit und Qualität nicht mehr gefragt? Wenn Teams vorwiegend ein harmonisches Miteinander pflegen: Welche Konsequenzen hat das für ihre Leistung? Was ist, wenn Teams ausschließlich innovativ und kreativ sind? Ist Chaos die Folge? Diese Beispiele zeigen, dass eine einseitige Fokussierung auf agile Werte nicht zielführend sein dürfte.

Jedes Team sollte die agilen sowie die nicht agilen Werte in ihre Auswahl für das agile Mindset miteinbeziehen. Die entscheidende Frage lautet: Welche Werte unterstützen uns darin, dass wir unser Ziel bestmöglich erreichen? Diese Frage sollte nicht in semantischen Debatten über die Werte münden. Es geht vielmehr um emotionale Vorstellungsbilder und Erfahrungen als um exakte Begriffsdefinitionen. Durch Aushandeln der Teamwerte ergibt sich ein individuelles „Mischungsverhältnis" von Werten für jedes Team. Es erhält auf diese Weite ein passgenaues Set an Werten.

2.2. Wer Input für das agile Mindset liefert

Die allermeisten Menschen verfügen über Erfahrungen mit Teamarbeit. Deshalb können praktisch alle wertvolle Beiträge leisten. Diese sollten unbedingt in die Auswahl der geeigneten Teamwerte einfließen.

Die persönliche Erfahrung einer Person spielt eine große Rolle dabei, ob sie einen Wert gut oder schlecht beurteilt. Werte sind subjektiv. Die positiven wie negativen Erfahrungen mit einem Wert können in mehrfacher Hinsicht in einem Menschen gespeichert sein:

- kognitiv: in welcher Situation sie gemacht wurden und zu welchem Ergebnis sie geführt haben,
- affektiv: wie sich jemand dabei gefühlt hat,
- somativ: wie jemand körperlich reagiert hat.

Schauen wir uns dazu zwei Beispiele an: Ich empfinde es als fair, wenn Regelungen bezüglich Homeoffice für alle gelten. Ist dies nicht der Fall, fühlen sich jene benachteiligt, die gerne Homeoffice machen würden, aber nicht dürfen. Unzufriedenheit und Unruhe entstehen. Das ist meine rationale Begründung für Fairness. Wie wichtig Fairness für mich ist, spüre ich insbesondere dann, wenn sie nicht vorhanden ist: Ich rege mich darüber auf, werde ärgerlich und wütend. Auch mein Körper reagiert: Mir wird heiß, ich habe plötzlich viel Energie und einen großen Bewegungsdrang. Meine Erfahrungen bezüglich Fairness sind demzufolge auf allen drei Ebenen gespeichert, also in kognitiver, affektiver und somativer Form. Das zweite Beispiel betrifft Kontrollen. Ich erinnere mich an keine Situation, in der ich jemals in unangenehmer Weise kontrolliert wurde.

Doch allein bei der Vorstellung einer Kontrolle fühle ich mich unter Druck gesetzt: Ich habe das Gefühl, dass mir jemand buchstäblich im Nacken sitzt, werde verspannt und steif. Meine Erfahrungen mit Kontrolle sind bei mir demnach nur affektiv als Gefühl und somativ als körperliche Reaktion gespeichert. Auf kognitiver Ebene ist offenkundig nichts registriert: Ich verfüge über keine bewusste Erinnerung an eine unangenehme Kontrollsituation.

Wie sieht es mit der Nutzung dieser verfügbaren Erfahrungen in einer Entscheidungssituation aus? Werden üblicherweise Erfahrungen aus allen drei Ebenen verwendet? Nein, meistens nicht. Lediglich logische und vernünftige Argumente – also Inhalte der kognitiven Ebene – werden zur Begründung einer Entscheidung für oder gegen einen Teamwert genutzt. Sie lassen sich in Worte fassen und sind für andere nachvollziehbar. Diese sinnvolle und nachvollziehbare Begründung kommt aus dem rational denkenden Verstand. Wie wir wissen, hat der Mensch neben dem rationalen Verstand ein zweites Bewertungssystem. Es bezieht seine Informationen aus den affektiv und somativ gespeicherten Erfahrungen. Selbst wenn der Verstand etwas längst vergessen hat, sind diese Erfahrungen für dieses Bewertungssystem noch verfügbar. Es kann also wertvolle Informationen liefern. Diese Erfahrungen lassen sich schwer in Worte fassen. Deshalb kommen sie meistens nicht zur Sprache. Sie gelten als unbegründet, Gefühlsduselei oder „esoterisches Zeugs“. Das ist schade, denn ein Teil der Erfahrungen wird auf diese Weise einfach ausgeblendet. Besser wäre es, diesen Punkten Raum zu geben. Nur so kann ein Team von allen verfügbaren Erfahrungen profitieren. Ein Beispiel hierfür ist meine Haltung gegenüber Kontrolle. Sie löst bei mir ein unangenehmes Gefühl aus. Das kann ich schlecht in Worte fassen und schon gar nicht für andere nachvollziehbar begründen. Dennoch ist es ein wichtiger Input für eine Diskussion. Dadurch tauchen möglicherweise völlig neue Perspektiven auf, die sich als relevant erweisen könnten. Ob dem tatsächlich so ist, lässt sich nur herausfinden, indem diese affektiv und somativ gespeicherten Informationen faktisch in eine Diskussion eingebracht werden.

Halten wir fest: Als „Mitdenkerin“ bzw. „Mitdenker“ eines Teams kann jede und jeder einen wichtigen Beitrag für die Auswahl der Teamwerte leisten. Jeder Beitrag ist wichtig, egal von wem. Egal, ob positiv oder negativ. Egal, ob sachlich oder affektiv begründet.

2.3. Wer über Teamwerte des agilen Mindsets entscheidet

Eine Auswahl der Teamwerte ist getroffen. Jetzt muss entschieden werden, welche verbindlich sind und im Teamalltag berücksichtigt werden sollten. Allen Beteiligten sollte vorab klar sein, wie diese Entscheidung zustande kommt: wer darüber beschließt und welches Verfahren angewendet wird.

Wie das Entscheidungsgremium konkret zusammengesetzt wird, sollte jede Organisation selbst bestimmen. Die nachfolgende Liste zeigt mögliche Varianten, weitere Optionen sind natürlich denkbar:

- Scrum-Team
- Projektteam mit Projektleiter
- Arbeitskreis mit Program Manager
- Linienteam mit Teamleiter
- Personalabteilung

Dasselbe gilt für die Wahl des Entscheidungsverfahrens. Auch dieses sollte jede Organisation individuell festlegen. Nachfolgend sind bekannte Entscheidungsverfahren aufgelistet, mit denen über jeden Teamwert entschieden werden kann:

Der *Mehrheitsentscheid* ist ein einfaches, bekanntes und breit akzeptiertes Verfahren. Der wohl größte Nachteil besteht darin, dass es Verlierer gibt. Teamwerte bleiben außen vor, obwohl sie von einem Teil der Gruppe favorisiert werden. Das kann gerade beim Entscheid über Teamwerte weitreichende Konsequenzen haben. Insbesondere Beziehungen zwischen Personen können leiden.

Bei der *Konsensentscheidung* geht es um die einstimmige Entscheidung aller Beteiligten. Das Resultat ist der kleinste gemeinsame Nenner. Es ist ein einfaches Verfahren ohne Verlierer und mit einer maximalen Identifikation mit der Entscheidung. Nachteilig ist, dass Einzelne eine Entscheidung blockieren sowie rede- und wortgewandte Personen dominieren können. Die Konsententscheidung ist die 3. Variante für Entscheidung.

Eine *Konsententscheidung* kommt zustande, wenn kein Beteiligter einen schwerwiegenden Einwand hat. Niemand darf also gegen den jeweiligen Teamwert sein. Es ist ein Verfahren, in dem alle gehört werden und mit dem ein hoher Zustimmungsgrad möglich ist.

Beim *konsultativen Einzelentscheid* trifft eine Person die Entscheidung. Zuvor muss sie die Betroffenen befragen, um deren Ideen und Einwände zu erfahren. Auf diese Weise kann eine hohe Entscheidungsqualität erreicht werden. Die Entscheidung hat gute Chancen zur Akzeptanz, da viele in den Entscheidungsprozess eingebunden sind.

Beim *systemischen Konsensieren* bewerten alle in der Gruppe jeden einzelnen Teamwert mit einem Widerstandswert. Ist kein Widerstand vorhanden, wird der Wert 0 vergeben, bei starkem Widerstand der Wert 10. Pro Teamwert werden die Punkte gezählt. Die Werte mit der geringsten Punktezahl weisen den geringsten Widerstand auf und werden gewählt. Dieses Verfahren ist einfach und klar strukturiert. Alle werden gehört. Als Nachteil kann sich erweisen, dass hohe Widerstände einzelner Personen unberücksichtigt bleiben.

Welches Entscheidungsverfahren das richtige ist, lässt sich an dieser Stelle nicht pauschal beantworten. Wesentlich ist, dass es eine klar definierte und für alle transparente Vorgehensweise zur Entscheidungsfindung gibt. Warum ist das so wichtig? Stellen Sie sich vor, dass Sie Zeit investieren, über Teamwerte nachdenken und einen gut durchdachten persönlichen Input liefern. Sofern Sie nicht zum Entscheidungsgremium gehören, ist alles weitere eine Blackbox für Sie. Irgendwann gibt das Entscheidungsgremium die finalen Teamwerte bekannt. Die Werte, die Ihnen wichtig sind, befinden sich nicht darunter. Wie würde es Ihnen damit gehen? Wahrscheinlich nicht so gut. Vielleicht sind Sie irritiert oder fühlen sich übergangen und frustriert. Wie sähe es mit Ihrer Motivation für das agile Mindset aus? Wahrscheinlich auch nicht so gut. Möglicherweise überlegen Sie sich, wofür Sie sich überhaupt Mühe geben sollen, Sie werden schließlich doch übergangen. Das ist aus Ihrer Perspektive eine nachvollziehbare, verständliche Reaktion. Aus Sicht des Entscheidungsgremiums sieht das Ganze natürlich anders aus. Wie genau, wissen Sie nicht. Denn Sie haben keinerlei Informationen darüber, wie die Entscheidung zustande gekommen ist. Intransparente Entscheidungen sind oft nicht nachvollziehbar, können Unverständnis und sogar Widerstand hervorrufen. Reaktionen wie diese können leichter vermieden werden, wenn der Entscheidungsprozess von vornherein klar und transparent ist. Damit ist für alle nachvollziehbar, was mit dem eigenen Input geschieht.

2.4. Wer ein agiles Mindset benötigt

Bisher bezogen sich die Vorbereitungen auf die Teamwerte. Nun ist es an der Zeit, auf die persönliche Ebene zu wechseln. Widmen wir uns zunächst der Frage, wer überhaupt ein agiles Mindset benötigt. Nur einige wenige? Oder alle im Team?

Teamwerte sind Spielregeln für das Verhalten der einzelnen Teammitglieder. Mit diesen Werten, Regeln und Normen ist allen klar, welches Verhalten der Zusammenarbeit in optimaler Weise dient. Nun gibt es meistens eine oder zwei Personen im Team, die die Teamwerte von vornherein infrage stellen. Oft sind es Bremser, die grundsätzlich gegen alles sind. Oder es sind Vorgesetzte, die sich weiterhin in alle Themen involvieren und entscheiden wollen. Damit ist für die anderen die Schlussfolgerung meist schnell klar: Diese Personen sollen sich ändern. Sie brauchen ein neues Mindset, damit sie sich zukünftig richtig verhalten. Ein Coaching muss her.

Verständlich, dass die Betroffenen von dieser Idee in aller Regel wenig begeistert sind. Wer ist schon gerne jemand, der nicht richtig „funktioniert"? Der so eine Art Therapie benötigt, damit er wieder dazugehören kann? Um diese Personen dennoch zur Veränderung zu motivieren, wird oft Druck ausgeübt und gedroht. Nach dem Motto: Wir müssen unsere Zusammenarbeit verbessern, sonst fahren wir den Karren an die Wand. Wir müssen alle an einem Strick ziehen, sonst verlieren wir unseren Kunden. Wenn wir nichts dazulernen, können wir unsere Software niemals pünktlich ausliefern. Unausgesprochen ist klar, dass mit dem „wir" keineswegs „alle" gemeint sind, sondern nur diejenigen, die sich nicht regelkonform verhalten. Ist das ein guter Weg, um jemanden zu einem agilen Mindset zu motivieren? Wohl kaum. Druck und Drohungen wirken bedrohlich. Das Gehirn aktiviert das Stresssystem. Um der Gefahr zu entkommen, laufen einfache Notfallprogramme wie Angriff, Flucht oder Erstarrung ab. Eine schlechte Ausgangsbasis für ein agiles Mindset. Es ist problematisch, nur einige im Team zu einem neuen Mindset zu verpflichten.

Schauen wir uns an, was es bedeuten würde, wenn alle im Team ein neues Mindset entwickeln. Die wenigsten Menschen verhalten sich immer so, wie sie es gerne möchten. Meistens erkennt man das in der Rückschau auf eine Situation: Bei Fehlern kurz vor einer Softwareauslieferung hat man sich völlig umsonst aufgeregt. Bei drohender Verspätung des Projektabschlusses war die aufkeimende Panik überhaupt nicht hilfreich. Dass Teilnehmende bei virtuellen Meetings nicht bei der Sache sind, war eine völlig unbegründete Furcht. Die meisten Menschen wünschen sich, sie könnten sich in der einen oder anderen Situation anders verhalten. Der eine wünscht sich gelassener zu bleiben, wenn etwas schiefgelaufen ist. Der andere sehnt sich danach, leichter darauf zu vertrauen, dass sein Gegenüber das tut, was er versprochen hat. Oder optimistischer in die Zukunft zu blicken, gerade dann, wenn es schwierig ist. Das sind die ganz normalen Themen des Lebens, mit denen alle mehr oder weniger konfrontiert sind.

Mit dieser Überlegung wird klar, dass wahrscheinlich alle im Team von einem agilen Mindset profitieren könnten. Indem alle ihr persönliches Verhaltensrepertoire erweitern, gewinnt das ganze Team. Die Zusammenarbeit wird besser. Sei es durch Gelassenheit, Vertrauen, Offenheit oder einen anderen der ausgewählten Teamwerte. Jeder Mitarbeitende entscheidet selbst, was sie oder er lernen möchte. Nicht der Chef bestimmt über den Inhalt des agilen Mindsets. Er kann nicht wissen, was für den Einzelnen richtig ist. Und er kann es nicht verordnen. Dazu kommt, dass ein Team-Mindset nur dann gebaut werden kann, wenn das gesamte Team daran mitwirkt. Ein Team kann von einer verbesserten Teamkoordination und einem stärkeren Gemeinschaftsgefühl nur profitieren, wenn es über ein gemeinschaftliches Team-Mindset verfügt.

Das ZRM bietet eine klar definierte Vorgehensweise, mit der alle Schritt für Schritt ihr agiles Mindset aufbauen können. Damit verfügen alle über die notwendige Voraussetzung, um den gewählten Teamwert möglichst zuverlässig in ihren Alltag zu integrieren. Wer diese Vorgehensweise einmal kennt, kann damit gleichermaßen jedes andere Vorhaben in die Tat umsetzen. Das Prinzip ist immer das gleiche. Es empfiehlt sich, dass ein Team diesen Weg zum agilen Mindset gemeinsam geht. So spürt jeder Mitarbeitende, dass es den anderen im Grunde gleich geht – obgleich alle ihre eigenen Themen haben. Das stärkt das Gemeinschaftsgefühl im Team und das Verständnis füreinander.

2.5. Wenn jemand kein agiles Mindset möchte

Nicht alle sind bereit, ein neues Mindset aufzubauen. Damit wird eine Schwierigkeit ersichtlich: Ein Mitarbeiter ändert sich nicht aufgrund einer organisatorischen Notwendigkeit heraus. Er ändert sich nur, wenn er einen persönlichen Nutzen davon hat und es auch möchte. Die Position eines Mitarbeiters ist immer eine andere als die des Teams oder einer ganzen Organisation: Für manche Softwareentwickler ist einzig das Programmieren interessant. Alles andere ist notwendiges Übel. Andere stehen bereits kurz vor der Rente und haben keine Lust, sich auf Neues einzulassen. Wieder andere sind gerne initiativ, an allem interessiert und möchten ihre Entscheidungskompetenzen gerne behalten. Die Sichtweise des Mitarbeitenden ist immer persönlich und ausschlaggebend für die Bereitschaft, das eigene Verhalten zu verändern. Diese und andere mögliche Gründe sind zu respektieren. Es gilt: Ein agiles Mindset kann nur freiwillig entwickelt werden. Die Quelle von Motivation liegt in jedem Menschen selbst. Sie lässt sich nicht dauerhaft von außen verordnen. Auch nicht mit Druck.

Für ein Team ist es natürlich schwierig, einen guten Umgang mit den Personen zu finden, die sich den neuen Teamwerten und der selbstorganisierten Teamzusammenarbeit entziehen. Deshalb empfehle ich, den Betroffenen ein Angebot zu machen: Es ist eine Einladung für die ersten beiden Stunden eines ZRM-Trainings für die Entwicklung eines agiles Mindsets. Für diese Personen stehen jedoch nicht die Teamwerte im Fokus, sondern die Frage: Wie gelingt es mir, mit den stattfindenden Veränderungen bestmöglich umzugehen? Mit welcher Haltung geht es mir gut in dieser neuen Situation? Das Investment dieser Personen beträgt also zwei Stunden. Danach sind sie frei in ihrer Entscheidung. Sie können am gesamten ZRM-Training teilnehmen. Oder sie können es lassen. Dieses Vorgehen holt die Mitarbeitenden dort ab, wo sie stehen. Ihre persönliche Sichtweise auf die Dinge wird adressiert und sie erhalten eine nützliche Hilfestellung für die weitere Zusammenarbeit im Team. Diesem Angebot liegt das Prinzip der Freiwilligkeit und der Wahlmöglichkeit zugrunde. Diese Art des Vorgehens mag ungewöhnlich sein. Doch es hat sich nach meinen Erfahrungen sehr bewährt. Die meisten Menschen werden gerne wie eigenständige Persönlichkeiten behandelt und sind durchaus in der Lage, über wichtige Themen selbst zu entscheiden.

Sind diese Fragen geklärt, sind alle Vorbereitungen für das ZRM-Training getroffen. Es kann beginnen. In der Einleitung haben Sie bereits Bekanntschaft mit Patricks Team gemacht. Nun lernen Sie sein Team und das Unternehmen, in dem es arbeitet, besser kennen. Vielleicht werden Sie sich in einer der beschriebenen Personen wiedererkennen, ganz oder nur teilweise. Die Protagonisten sollen Ihrer Orientierung dienen. Anhand dieser Beispiele können Sie verfolgen, wie alle ein persönliches Mindset entwickeln und im Teamalltag umsetzen können. Sie erfahren, wie aus dem persönlichen Mindset ein Team-Mindset gebildet wird.

3
Mit dem ZRM zum agilen Mindset in der Praxis

3.1. Das Unternehmen

Die IT-Abteilung der Rubinia Bank hatte vor über einem Jahr die Initiative „Rubinia goes agile" ins Leben gerufen. Große Erwartungen waren damit verbunden. Tatsächlich funktioniert vieles inzwischen gut: Kanban-Boards haben sich etabliert, IT-Teams arbeiten in Sprints, Feedback Meetings finden rege Beteiligung und einiges mehr. Die Zusammenarbeit in den Teams ist dennoch schwierig und aufreibend. Über die Gründe wird bankintern viel spekuliert. Doch im Grunde sind alle ratlos. Niemand weiß, was konkret zu tun ist, damit sich die Situation verbessert.

Ein externer Berater wird hinzugezogen. Dank seiner Unterstützung ist schnell klar: An der Umsetzung der agilen Methoden und Praktiken ist wenig zu kritisieren. Beim „doing agile" ist alles im grünen Bereich. Anders sieht es mit den Prinzipien und Werten sowie mit dem geeigneten Mindset aus. Die Rubinia Bank hat diese Aspekte des „being agile" unberücksichtigt gelassen. Zwar wissen die meisten in der IT-Abteilung von agilen Prinzipien und bringen diese mit dem agilen Manifest[3] in Verbindung. Auch die Wichtigkeit der Werte ist fast allen bewusst. Doch keinem ist klar, wie beides zuverlässig in den Teamalltag integriert werden kann. Gleiches gilt für das agile Mindset. Es herrscht ratloses Schulterzucken. Berater und IT-Abteilung besprechen den nächsten Schritt: Konkrete Teamwerte werden im Rahmen eines eintägigen Workshops erarbeitet. Im Zentrum steht die Frage: Welche Werte unterstützen uns bestmöglich

---

3 Das agile Manifest beschreibt Grundsätze agiler Softwareentwicklung. Es wurde 2001 von einer Gruppe renommierter Softwareentwickler formuliert.

in der Erreichung unserer Ziele? Alle Mitarbeitenden dürfen mitwirken. Alle erhalten die Chance, ihre Erfahrungen mit den verschiedenen Werten einzubringen. Am Ende des Workshoptages stehen die Teamwerte der Rubinia Bank fest: Autonomie, Offenheit, Wertschätzung und Zielstrebigkeit. Nun geht es darum, dass jeder Mitarbeitende ein agiles Mindset aufbaut und lernt, es in den Alltag zu integrieren. Die Teams sollen auch von einem Team-Mindset profitieren. Dafür wird für jedes Team ein ZRM-Training über zweieinhalb Tage angesetzt. In dem Training können alle ihr persönliches Mindset mit der phasenweisen Vorgehensweise des ZRM entwickeln, ihre eigenen Motivationsquellen entdecken und aktivieren. Mit diesem gemeinsamen Training sollen nicht nur die Werte in den Teams etabliert werden. Auch das Verständnis füreinander soll gefördert und das Gemeinschaftsgefühl im Team gestärkt werden.

Reinhard findet das Thema „Teamwerte“ spannend und arbeitet begeistert an den Vorbereitungen mit. Deshalb kennt er den groben Ablauf des ZRM. Dennoch kann er sich nicht richtig vorstellen, wie jede und jeder zu einem agilen Mindset kommen soll. Neugierig und gespannt möchte er unbedingt beim ersten Durchlauf des ZRM-Trainings dabei sein. Er steckt Patrick, seinen Teamleiter, mit seiner Begeisterung an. Deshalb findet das erste ZRM-Training der Rubinia Bank mit Patricks Team statt.

3.2. Die Protagonisten

Patrick

Patrick ist der Leiter des Teams. Er ist sehr erfahren und souverän – ein Fels in der Brandung. Selbst in der größten Hektik bewahrt er Ruhe. Deswegen wird er von seinem Team geschätzt. Alle wissen, dass sie sich mit ihren Fragen und Problemen an ihn wenden können. Er kann immer weiterhelfen. Seine große Stärke ist das Koordinieren und Entscheiden. Diese Fähigkeiten haben bereits mehrere Projekte aus einer kritischen Situation gerettet.

Patrick hat sich noch keine abschließende Meinung über die agile Zusammenarbeit gebildet. Er sieht gute Ansätze und kann sich gut vorstellen, dass die Teamarbeit auf diese Weise gelingen wird. Doch die konkrete Umsetzung findet er schwierig. Bereits seit einiger Zeit sucht er im agilen Werkzeugkoffer eine Lösung für das Thema, das ihm große Sorgen bereitet: Er ist in fast alle Themen seines Teams involviert. Sein Arbeitstag reicht nicht aus, um sich mit allem adäquat zu beschäftigen. Selbst regelmäßiges Arbeiten bis spät in die Nacht bringt keine wesentliche Verbesserung. Immer wieder ist er der Flaschenhals. Wichtige Themen verzögern sich. Entscheidungen werden spät getroffen. Im Team gehen wichtige Themen zuweilen nur schleppend voran. Niemand scheint sich mit der erforderlichen Priorität darum zu kümmern. Immer wieder gibt es Situationen, in denen Patrick sich genötigt sieht, ein Thema zu übernehmen, um Schlimmes zu verhindern. Das bedeutet Stress und noch mehr Arbeit für ihn.

„Das Team sollte selbstorganisierter funktionieren", erklärt er. „Unsere Probleme würden sich entschärfen, wenn mein Team autonomer agieren und Entscheidungen selbst treffen würde. Alles könnte schneller gehen, insbesondere die Entscheidungen. Womöglich wären sie sogar besser. Schließlich würde sie derjenige treffen, der nah am Thema ist und sich am besten auskennt. Doch wie bewege ich mein Team dazu, selbstständiger zu arbeiten und selbst zu entscheiden? Das ist die Frage, die ich mir immer wieder stelle."

Der Workshop zu den Teamwerten hat Patrick nachdenklich gemacht, wie er selbst sagt. Er hat begriffen, wie ungern er seinem Team Entscheidungen überlässt. „Ohne meine Entscheidung weiß das Team nicht, was es tun soll. Alle kommen immer wieder mit Fragen zu mir. Wenn ich nur an die Geschichte mit dem Fehler in der App kurz vor Einführung zurückdenke", überlegt Patrick stirnrunzelnd. „Das Team war nicht in der Lage, selbst zu entscheiden. Doch ich frage mich mittlerweile, ob diese Sichtweise richtig ist. Vielleicht sind sie damals davon ausgegangen, dass ich diese Entscheidung selbst treffen möchte. Schließlich kennen sie mich als eine Person, die gerne entscheidet."

Weiterhin wurde Patrick bewusst, wie schnell er eingreift, wenn ein Thema im Team aus dem Ruder zu laufen droht. Er sieht darin die einzig mögliche Reaktion. Schließlich weiß er dank seiner Erfahrung, was zu tun ist. Er hatte bisher den Eindruck, dass das Team seine Vorschläge gerne übernimmt. Doch nun machen sich Zweifel in ihm breit. Stimmt das wirklich? Möglicherweise ist er zu dominant, sodass sein Team überhaupt keine Chance hat, eigene Lösungen zu finden.

Mit diesen Überlegungen erkennt Patrick, wie sehr das Team auf sein Verhalten reagiert. Wenn er mehr Autonomie und Selbstverpflichtung im Team aufbauen möchte, sollte er demnach sein eigenes Verhalten ändern. „Es ist eigentlich eine Binsenweisheit", denkt sich Patrick. „Schließlich kann ich nur mein eigenes Verhalten verändern. Und schon das ist manchmal ganz schön schwierig. Mir ist es noch nie gelungen, andere Menschen dauerhaft zu einem anderen Verhalten zu bewegen. Wahrscheinlich sollte ich mich tatsächlich mehr zurücknehmen, weniger dominant sein und meinem Team mehr Freiraum gewähren."

Fabienne

Fabienne ist vor einigen Monaten neu in Patricks Team gekommen. Ihre Aufgabe ist das Testing. Aus leidvoller Erfahrung früherer Projekte hat sie einige Ansätze entwickelt, die sie in ihrem neuen Team gerne einbringen möchte. Doch sie musste feststellen, dass sie in ihrem neuen Team mit einem ganz anderen Thema konfrontiert ist. Für das Testing steht kaum Zeit zur Verfügung. Die Entwickler benötigen für die Realisierung der einzelnen Funktionen fast immer länger als ursprünglich angenommen. In den Sprints programmieren sie deshalb buchstäblich bis zur letzten Minute. Es bleibt keine Zeit für umfassende und gründliche Tests.

„Um das Testing trotzdem durchzuführen, frage ich jeden Tag nach, ob eine Komponente bereits fertiggestellt ist. Es ist ein permanentes Hinterherlaufen. Ich habe den Eindruck, dass die Kollegen dem Testen einfach keine Bedeutung beimessen. Wahrscheinlich denken sie, dass nach der Code-Review alles fehlerfrei ist. Doch das ist nicht richtig. Ich entdecke immer wieder Punkte, die nicht funktionieren oder die nicht den Kundenwünschen entsprechen", sagt Fabienne frustriert. „Ich kann meine Arbeit einfach nicht mit der Sorgfalt und Gründlichkeit durchführen, die für mich wichtig ist."

In der Vergangenheit wurde die App bereits mehrmals mit kleineren Schönheitsfehlern ausgeliefert. „Ich frage mich, wie lange es noch dauert, bis wir unsere App mit einem gravierenden Fehler ausliefern, den wir nicht entdeckt haben", meint Fabienne. „Ich fürchte, dass wir in ein großes Qualitätsproblem hineinschlittern."

Da die Entwickler die versprochenen Funktionen recht spät fertigstellen, bedeutet das für Fabienne, dass sie fast immer unter extremen Druck arbeiten muss. „Ich bin ein sehr emotionaler Mensch und rege mich schnell auf. Bei diesem Druck ist das noch viel schlimmer. Meine Nerven liegen dann regelrecht blank. Es braucht wirklich nur eine Kleinigkeit und ich explodiere förmlich. Ich kann mich dann kaum mehr beherrschen. Ich sage Dinge, die mir leidtun, sobald ich mich wieder beruhigt habe“, gibt Fabienne offen zu. „Ich weiß natürlich, dass mein Verhalten für meine Kollegen extrem belastend ist. Und natürlich auch für mich. Mir ist ein guter Umgang miteinander wichtig und ich möchte gerne immer freundlich und hilfsbereit sein. Es frustriert mich ständig, dass mir das bei Stress einfach nicht gelingt. In diesen Situationen tue ich ziemlich genau das Gegenteil dessen, was mir eigentlich wichtig ist. Doch was kann ich tun? Ich habe schon so oft gesagt, dass ich mehr Zeit für das Testen benötige, damit ich nicht so sehr unter Druck gerate. Doch die Entwickler tun nichts, damit sie früher fertig werden. Und mich nicht mehr aufregen? Das wäre klasse! Könnte ich mit Druck und Stress besser umgehen, würde ich ruhig und gelassen bleiben. Davon würden nicht nur ich, sondern alle im Team profitieren.“

Eric

Eric ist der Älteste im Team. „Noch zwei Jahre“, sagt er immer wieder freudestrahlend, „dann geh' ich in Rente und kann endlich das tun, was ich möchte.“ Seit Jahren sorgt er im Team zuverlässig dafür, dass alle Kundenanforderungen genauestens erfasst und dokumentiert sind. Hierfür setzt er ein Set von Excel-Files ein, die er über lange Zeit hinweg selbst entwickelt hat. Seine große Stärke ist eine gründliche, strukturierte und planvolle Vorgehensweise. Er legt großen Wert auf Prozesse, da sie ihm Orientierung und Transparenz bieten. Eric ist ein großer Anhänger konventioneller Projektmanagement-Methoden. Der Selbstorganisation und allem Agilen steht er äußerst skeptisch gegenüber. Diesen Themen entzieht er sich gerne und schiebt den neuen Ansätzen die Schuld zu, wenn etwas schiefgeht.

„Ich halte agiles Projektmanagement für sehr chaotisch. Es gibt keine klare Reihenfolge der Aktivitäten, weder Projektphasen noch exakt abgegrenzte Aufgaben – nur eine Ad-hoc-Planung und sehr unpräzise dokumentierte Anforderungen. Ich bezweifle, dass auf diese Weise ein Projekt jemals erfolgreich abgeschlossen werden kann“, beklagt er sich. „Außerdem gelingt es mir nicht, in unserem Backlog[4] die Übersicht zu behalten. Aufgaben sind unübersichtlich angeordnet, Zusammenhänge nicht dargestellt. Zudem befinden sich alle Backlogdaten auf Servern, die irgendwo auf der Welt stehen. Niemand garantiert mir, dass im Backlog nicht aus Versehen vertrauliche Daten landen. Wenn das die Presse erfahren würde! Ich sehe schon die Schlagzeile: ‚Rubinia Bank – ein Datenleck. Kundendaten im Zugriff der CIA!‘ Nein, da lobe ich mir meine Excel-Dateien. Alle Daten sind lokal gespeichert, für meine Bedürfnisse perfekt aufbereitet und ich kann immer darauf zugreifen.“

Für die anderen im Team sind seine Argumente nicht nachvollziehbar. Sie sehen darin eine wilde Kombination von Gründen, um alle Veränderungen zu blockieren. Deswegen gibt es immer wieder hitzige Diskussionen im Team, die Eric mittlerweile fast schon resigniert über sich ergehen lässt. „Ich stehe nun einmal voll und ganz hinter einem wohlüberlegten und geplanten Vorgehen“, sagt Eric. „Eine Struktur gibt Ordnung. Prozesse geben Übersicht. Für mich hat sich das viele Jahre lang bewährt. Deshalb möchte ich gerne auf diese Weise weiterarbeiten“, erklärt er. „Natürlich sehe ich, dass ich mit meiner Meinung alleine dastehe. In unseren Feedback Meetings sage ich schon nichts mehr. Schließlich möchte ich die anderen nicht noch mehr gegen mich aufbringen.“

„Seit dem Workshop zu den Teamwerten habe ich viel über dieses Thema nachgedacht“, fährt Eric fort. „Mir ist noch klarer geworden, dass ich meine Arbeitsweise beibehalten möchte. Ich möchte mich auf nichts Neues umstellen. Dennoch möchte ich die anderen natürlich nicht blockieren und am Weiterkommen hindern. Ich sehe deutlich, dass Veränderungen unausweichlich sind. Denen möchte ich mich nicht entgegenstellen. Doch ich möchte für mich gerne einen guten Umgang damit finden. Eine neue, gute Einstellung für meine letzten beiden Jahre im Team. Ich werde niemals zu einer Person werden, die Feuer und Flamme für alles Neue ist. Ich wäre schon zufrieden, wenn ich nicht immer in die Rolle des Bremsers gerate.“

---

4 Ein Backlog ist eine Liste von Aufgaben oder Anforderungen, die abgearbeitet werden müssen.

Reinhard

Reinhard arbeitet über 15 Jahren in der Rubinia Bank. Er kennt die Applikationen bestens, die von Patricks Team betreut werden. Viele hat er von Beginn an mitentwickelt. Deshalb ist er nicht nur mit dem Code vertraut, sondern auch mit den zugrundeliegenden Anforderungen und Überlegungen. Im Team ist er immer der Erste, der bei Problemen gefragt wird. Meistens kann er weiterhelfen. Alle schätzen seine hilfsbereite, zupackende Art. Reinhard sprüht vor Ideen, wenn etwas verbessert werden soll. „Ich habe Sessions für den Know-how-Transfer an die Neuen initiiert, ein Team-Stimmungsbarometer und das automatische Deployment für die Software auf den Weg gebracht. Für Fragen bei der Korrektur der Bugs bin ich die erste Anlaufstelle. Ja, daneben bin ich für die Reviews von Datenmodellen zuständig“, zählt er auf. Das alles macht er neben seiner Arbeit als Softwareentwickler. Reinhard ist leicht zu begeistern und voller Euphorie, wenn es darum geht, Neues in die Tat umzusetzen. Deswegen ist er eine treibende Kraft in der Initiative „Rubinia goes agile“.

„Ich genieße es natürlich sehr, dass mich alle um Rat fragen und ich helfen kann. Ich sage nicht gerne ‚Nein‘, wenn mich jemand um Hilfe bittet. Dennoch: Ich merke, dass ich mich leicht verzettle und nicht genügend Zeit für alle Aufgaben habe. Morgens fange ich mit einem Thema an. Kurz darauf kommt ein Kollege und fragt, ob ich fünf Minuten Zeit für ihn hätte. Natürlich habe ich das. Doch meist bleibt es nicht bei diesen fünf Minuten. Nachdem das Thema des Kollegen geklärt ist, stelle ich mich gedanklich wieder auf mein ursprüngliches Thema ein – so lange, bis der nächste Kollege kommt. Das Ganze wiederholt sich. Ich weiß wirklich nicht, was ich tun soll. Für mich ist alles wichtig: Ich möchte meine Kollegen unterstützen und finde meine Arbeit in ‚Rubinia goes agile‘ enorm wichtig. Gleichzeitig möchte ich natürlich meine eigentlichen Aufgaben erledigen, ohne bis tief in die Nacht zu arbeiten.“ Neben seiner Arbeit in Patricks Team trainiert Reinhard die Kids im Karateverein, in dessen Vorstand er ist. Zusätzlich hat er dort noch die Funktion des Kassenwarts übernommen. „Eigentlich ist das nicht mein Ding. Doch irgendjemand muss es ja machen. So hab’ ich mich breitschlagen lassen“, sagt Reinhard ein wenig bedauernd. „Das kostet natürlich alles seine Zeit. Manchmal hab’ ich in der Arbeit und im Verein so viel um die Ohren, dass ich nur noch ganz wenig Zeit mit meiner Frau und meinen Kindern verbringen kann."

Reinhard weiß, dass er an zu vielen Themen gleichzeitig arbeitet. Das hat bei Reinhards Kollegen bereits in der Vergangenheit immer wieder zu Unzufriedenheit geführt. Er hat seine Zusagen nicht eingehalten, weil er die entsprechende Sache nicht rechtzeitig abschließen konnte. Deshalb ist es sein Ziel, sich besser abgrenzen zu können. Größere Zielstrebigkeit steht bei ihm an erster Stelle.

Sebastian

Sebastian ist wie Fabienne neu ins Team hinzugekommen. Er ist der Jüngste und hat erst wenige Jahre Erfahrung in der Programmierung. „Ich bin ein kreativer Perfektionist", beschreibt er sich. „Mein früherer Chef sagte einmal, dass man entweder ‚top-down' oder ‚bottom-up' vorgehen könne. Für mich müsste man allerdings eine dritte Variante erfinden: ‚bottom-down'. Ja, damit hat er mich sehr gut charakterisiert", erzählt Sebastian augenzwinkernd. Sebastian betreut die Schnittstellen zu externen Applikationen. Hierfür muss er sich in den umfangreichen Code einarbeiten. Er mag diese Herausforderung. Selbst wenn es schwierig ist, da der Code oft wirr und undurchschaubar scheint. Er gibt sein Bestes, um die geforderten Erweiterungen zu programmieren. Wie es seine Art ist, möchte er die Funktionen besonders umfassend umsetzen und dabei jede Eventualität berücksichtigen. „Das braucht natürlich seine Zeit", gibt Sebastian zu. „Aber mir ist es nun mal wichtig, dass ich gründliche Arbeit abliefere. Die anderen im Team kritisieren mich dafür. Sie sagen, dass bei mir alles ewig lang dauert und dass ich immer die komplizierteste Lösung umsetze. Ich würde den Code noch unübersichtlicher und unverständlicher machen. Ich solle ihre pragmatischen Vorschläge annehmen und schneller fertig werden. Ich kann ihren Wunsch nachvollziehen. Manchmal verliere ich mich tatsächlich in Details und sehe den Wald vor lauter Bäumen nicht mehr. Meiner Arbeit käme es sicher zugute, wenn ich pragmatischer und zielorientierter wäre."

Im Team haben sie diesen Punkt bereits mehrfach besprochen. Sie haben sich darauf geeinigt, dass Sebastian seine Lösungsansätze mit Reinhard bespricht, bevor er sie implementiert. Auf diese Weise sollte es gelingen, jeweils den einfachsten Ansatz zu finden, so die einhellige

Meinung. Reinhard tut sein Möglichstes, um Sebastian zu unterstützen. Beide sind oft in ein intensives Gespräch vertieft, in dem die Argumente nur so hin- und herfliegen. Mit vereinten Kräften ist es bisher immer gelungen, einfache und gute Lösungen zu finden. Das begeistert Sebastian jedes Mal wieder. „Ich finde die Lösungsentwürfe genial, die Reinhard und ich zusammen entwickeln. Meistens ist es das Naheliegende, Offensichtliche. Es sind simple Lösungen und doch sind alle Aspekte abgedeckt. Leider komme ich alleine nie auf solche Lösungsentwürfe. Ich merke meist gar nicht, wie ich in das Detail abtauche und den Überblick verliere. Pragmatischer, fokussierter und zielstrebiger, ja, das wäre ich gerne."

3.3. Das ZRM-Training

Das ZRM ist ein Selbstmanagementtraining, das Menschen darin unterstützt, selbstbestimmt zu handeln. Damit ist es ideal für Teams geeignet, in denen jedes Teammitglied sein Verhalten an neuen Teamwerten ausrichten möchte. Wer ein gutes und nachhaltiges Selbstmanagement betreiben möchte, muss hierfür die beiden Bewertungs- und Entscheidungssysteme des Gehirns berücksichtigen: den Verstand und das Unbewusste. Beide Systeme steuern das Verhalten eines Menschen. Das ZRM ist darauf ausgerichtet, sowohl Verstand wie auch Unbewusstes zu berücksichtigen. Sind beide Systeme synchronisiert, hat diese Person eine Intention gebildet. In der IT-Terminologie sprechen wir von einem agilen Mindset. Wer ein persönliches Mindset mit Teamwerten entwickeln möchte, für den lohnt es sich, ein grundlegendes Verständnis der Eigenschaften und Funktionsweise der beiden Systeme zu haben.

Verstand und Unbewusstes

Wir benutzen den Verstand, um über eine Sache nachzudenken, eine Steuererklärung zu erstellen oder Software zu programmieren. Der Verstand arbeitet bewusst. Entwicklungsgeschichtlich ist er ein recht neues System. Das wesentlich ältere System ist das Unbewusste. Beide Systeme arbeiten auf unterschiedliche Art und Weise und unterscheiden sich hinsichtlich mehrerer Kriterien (s. **Abb. 3-1**, nachfolgende Seite).

	Verstand	Unbewusstes
Arbeitstempo	langsam	schnell
Kommunikationsmittel	Sprache	somatische Marker
Bewertungskategorie	richtig/falsch	mag ich/mag ich nicht

Abbildung 3-1: Verstand – Unbewusstes

Das Unbewusste arbeitet rasend schnell. Es gibt seine Beurteilung zu einer Sache in 200 bis 300 Millisekunden ab. Der Verstand braucht im optimalen Fall mindestens 900 Millisekunden, bis er eine Situation erfasst und beurteilt hat. Er kann jedoch auch Stunden, Tage, Wochen oder Monate benötigen. Beispielsweise bei der Frage nach einem neuen Auto: Soll ein praktischer Familienwagen gekauft werden? Oder doch lieber ein schickes Cabriolet? Ein Hybridauto? Oder gleich ein Elektroauto? Sind 90 PS ausreichend? Oder braucht es mindestens 170 PS? Der Verstand benötigt seine Zeit, um alle Kriterien zu berücksichtigen und gegeneinander abzuwägen.

Die Verstandestätigkeit ist langsam, doch sie hat einen Vorteil: Sie lässt sich in klare Sprache fassen. Wir können unsere Überlegungen, Argumente und Schlussfolgerungen ausdrücken und anderen Menschen mitteilen. Hat der Verstand alles bedacht, trifft er eine logische, richtige und vernünftige Entscheidung. Blitzschnell gibt das Unbewusste seinen Kommentar dazu ab. Eine Familienlimousine? Nö, wie langweilig! Das Unbewusste kümmert sich nicht um Logik, sondern prüft, ob es etwas mag oder nicht. Seine Beurteilung gibt es über somatische Marker bekannt. Diese Signale sind individuell und mit ein bisschen Übung lernt jeder schnell, sie zu erkennen. Sie können gut beim Überfliegen der Absender von E-Mails im Postfach beobachtet werden. Eine liebe Freundin schreibt? Sofort ist ein positives Gefühl spürbar. Eine Nachricht vom Finanzamt? Unmittelbar macht sich ein negativer somatischer Marker bemerkbar.

Die Bewertung des Unbewussten ist zwar direkt spürbar, jedoch nicht klar formuliert. Haben Sie früher Comics gelesen? Wenn ja, kennen Sie sicher Figuren mit gerunzelter Stirn und zusammengekniffenen Lippen. In einer Sprechblase steht „Grmpfl". Die Figur weiß in diesem Moment noch nicht, was sie sagen soll. „Könntest du bitte das Backlog sortieren? Morgen beginnt der neue Sprint und ich hab' jetzt keine Zeit mehr dafür."

Der Kommentar des Unbewussten kommt sofort: Es hat keine Lust, sieht den pünktlichen Feierabend in Gefahr und schickt ein „Grmpfl". Eigentlich müsste man diesen Auftrag ablehnen. Doch auf die Schnelle kann man keinen klaren Gedanken fassen und weiß nicht, was man sagen soll. Also bleibt man still und nimmt dem Kollegen die Arbeit ab. Dasselbe geschieht häufig mit den Äußerungen des Unbewussten: Sie werden ignoriert, weil sie sich „nur" über ein Körpergefühl ausdrücken. Und das, obwohl sie das Empfinden ihrer Besitzerin bzw. ihres Besitzers sehr genau wiedergeben.

Eric kennt diese negativen Körpersignale gut aus Situationen, in denen seine Offenheit gefordert ist. „Immer wenn die anderen im Team etwas Neues ausprobieren wollen, spüre ich ein mulmiges Gefühl im Magen und einen Kloß im Hals." In derselben Weise, wie das Unbewusste negative somatische Marker sendet, verhält es mit positiven somatischen Markern. Sie können sich als Freude und leuchtende Augen zeigen, das Gefühl, auf Wolken zu schweben oder Schmetterlinge im Bauch zu haben. Reinhard erlebt diese positiven Körpersignale häufig. „Im Gegensatz zu Eric begeistern mich neue Ideen sofort. Ich bin voller Energie und Tatendrang, habe ein leichtes, angenehmes Kribbeln im ganzen Körper. Es drängt mich förmlich dazu, aktiv zu werden." Reinhards Unbewusstes mag den Wert Offenheit.

Offenbar bewertet das Unbewusste von Eric und Reinhard den gleichen Wert völlig unterschiedlich. Wie lässt sich das erklären? Das Unbewusste enthält sowohl ererbtes Wissen als auch sämtliche Erfahrungen, die eine Person in ihrem bisherigen Leben gemacht hat. Man weiß heute, dass bereits im Mutterleib Erfahrungen, Erlebnisse und Eindrücke gesammelt und gespeichert werden. Das Unbewusste ist somit ein individueller Wissensspeicher, dessen Inhalt von Mensch zu Mensch variiert. Jede Sache, jede Situation wird von Verstand und Unbewussten bewertet. Diese Bewertung erfolgt mit den vorhandenen Erfahrungen eines Menschen. Ist keine Erfahrung verfügbar, ist keine Bewertung möglich. Das Erlebte wird mit der Bewertung im Gedächtnis gespeichert. Maßgebend für die Bewertung ist, ob es dem Wohlbefinden zuträglich war oder es sich durch das Erlebte verringert hat. Mit dieser Information ist das Gehirn in der Lage, Bewährtes zu erkennen und zu wiederholen. Und umgekehrt: alles zu vermeiden, was dem Wohlergehen abträglich ist.

Das Gehirn speichert eine Unmenge an Informationen. Nehmen wir zum Beispiel eine ganz gewöhnliche Teamsitzung. Bewertet und gespeichert werden neben Thema und Dauer des Meetings auch Größe des Raums, Helligkeit, Temperatur, Anordnung der Tische und Stühle, Geräusche der umliegenden Büros, Stimmung der Teilnehmenden, eigener Blutzuckerspiegel und vieles mehr. Das geschieht völlig automatisch, ohne dass Sie sich dessen bewusst sind. Über das meiste können Sie keine Auskunft geben. Wenn Sie eine Woche später an diese Teamsitzung zurückdenken, schickt Ihr Unbewusstes ein Körpersignal. Vielleicht spüren Sie ein angenehmes Kribbeln im ganzen Körper, weil Sie schnell zu einem guten Ergebnis gekommen sind. Oder eine bleierne Leere macht sich in Ihnen breit, weil es langweilig und ergebnislos war.

Das Gehirn erzeugt für jede Situation in Zusammenhang mit einem bestimmten Teamwert Vorstellungsbilder über mögliche Szenarien, die sich daraus ergeben könnten. Es sind innere Filme, die schnell und fast gleichzeitig ablaufen. Meistens dringen sie nicht ins Bewusstsein. Nur in manchen Fällen merkt man etwas davon. Parallel dazu sucht das Gehirn nach ähnlichen, bereits erlebten Situationen. Sobald es etwas Vergleichbares gefunden hat, sendet es seine Bewertung als somatischen Marker. Sind vergleichbare Situationen mit einer negativen Bewertung versehen, erfolgt ein negatives Körpersignal. So wie bei Eric: Sobald in einer Situation Offenheit gefragt ist, bekommt er ein mulmiges Gefühl im Magen und einen Kloß im Hals. Positive Körpersignale werden gesendet, wenn vergleichbare Situationen an eine positive Bewertung gekoppelt sind. Das ist bei Reinhard der Fall: Situationen, in denen er seiner Offenheit und Begeisterung freien Lauf lassen kann, lösen bei ihm ein angenehmes Kribbeln im ganzen Körper aus.

Die Aufgabe des Unbewussten ist es, seine Besitzerin oder seinen Besitzer wohlbehalten und sicher durch das Leben zu bringen. Hierfür nutzt es alle gespeicherten Informationen, auf die es innerhalb von Sekundenbruchteilen zugreifen kann. Es entscheidet in jedem Moment, wie es das Wohlbefinden seiner Besitzerin oder seines Besitzers am besten sicherstellen kann. Maßgebend für das Unbewusste ist also immer die Gegenwart. Im Gegensatz zum Verstand, der eine langfristige Perspektive in die Zukunft berücksichtigen kann.

Wahrscheinlich kennt jeder Mensch die Zwickmühle zwischen vernünftiger, langfristig orientierter Verstandesbewertung und der am momentanen Genuss orientierten Bewertung des Unbewussten. Nach einem stressigen Arbeitstag der Gesundheit zuliebe zum Sport aufraffen – oder doch lieber gemütlich auf dem Sofa mit einem guten Film entspannen? Bewerbungsunterlagen zusammenstellen, um sich auf den Traumjob zu bewerben – oder lieber mit Freunden einen Kurztrip in die Berge unternehmen? Eine Wochenendschicht einlegen, damit das Projekt rechtzeitig fertig wird – oder lieber mit der Familie an den See zum Baden? Für beide Optionen gibt es gute Gründe. Wer sich für den kurzfristigen Genuss entscheidet, ist keineswegs willensschwach oder sollte sich mit einem schlechten Gewissen plagen. Es ist ganz einfach so, dass das Unbewusste dem Verstand in diesem Fall überlegen war. Ideal ist es natürlich, wenn Verstand und Unbewusstes das Gleiche wollen. Dann gibt es keine Zwickmühlen, keine leidigen Entscheidungen, was am besten zu tun ist. Wenn beide Systeme etwas anderes wollen, ist das ZRM eine sehr gute Methode, um beide Systeme zu synchronisieren. Ist das gelungen, arbeiten sie optimal zusammen. Man kann so handeln, wie man es beabsichtigt.

Selbstregulation und Selbstkontrolle

Kommen wir zu der Frage, wie man mit den beiden Bewertungssystemen umgehen kann. Hierfür gibt es zwei Möglichkeiten: Selbstregulation und Selbstkontrolle. Egal, ob man mehr Sport treiben, mit dem Rauchen aufhören, offener, wertschätzender oder zielstrebiger sein möchte: Alles lässt sich mit beiden Varianten erreichen.

Selbstregulation bedeutet, dass das Unbewusste das Vorhaben unterstützt. Wann ist das der Fall? Wenn es sich um etwas Angenehmes handelt. Etwas, das sich bereits in der Vergangenheit einmal bewährt hat und dem Wohlbefinden zuträglich war. Ein gemütlicher Abend mit Freunden, ein guter Krimi auf dem Sofa, ein Familienausflug in die Berge oder einfach ein leckeres Abendessen nach einem langen Arbeitstag. Doch die Unterstützung des Unbewussten ist selbst bei Unangenehmem gesichert: Alles, was in der Vergangenheit mit schlechten Erfahrungen verbunden war, wird vermieden. Dazu gehören ein Zahnarztbesuch und die Steuererklärung genauso wie ein Vorstellungsgespräch oder eine Prüfung.

Wenn das stimmt: Wie kommt es, dass Menschen dennoch zum Zahnarzt gehen, Steuererklärungen machen oder zum Vorstellungsgespräch und zur Prüfung gehen? In diesen Situationen ignoriert man die Meinung des Unbewussten und tut das, was der Verstand will. Man tut etwas Vernünftiges, obwohl man es im Grunde nicht möchte. „Ich muss mich jetzt zusammenreißen", sagt man in diesen Fällen oft zu sich selbst. Das ist Selbstkontrolle oder Selbstdisziplin. Selbstkontrolle bedeutet, dass man etwas Angenehmes nicht tut, um stattdessen etwas Unangenehmes zu tun. Das Handlungsvorhaben des Unbewussten wird abgewürgt. Allein die verstandesmäßige Absicht wird umgesetzt. Diese Methode funktioniert jedoch nicht auf Dauer. Der Verstand kann nämlich nur unter optimalen Bedingungen das Unbewusste übersteuern. Sind diese nicht gegeben, funktioniert er nur noch eingeschränkt.

Schauen wir uns diese Bedingungen etwas genauer an, in denen der Verstand leicht kapituliert:

Wenn viel los ist: Die Präsentation muss heute noch fertig werden, das Telefon klingelt ständig, ein wichtiger Kundentermin steht an, ein Feedbackgespräch ist vorzubereiten und Sie sollten noch ein Geburtstagsgeschenk für Ihren Partner besorgen. Außerdem teilt Ihnen Ihr bester Mitarbeiter mit, dass er kündigt und das Team verlässt. Spätestens jetzt ist es vorbei mit der Selbstkontrolle und das Unbewusste übernimmt das Zepter. Falls Sie es zum Schokoladenentzug genötigt haben, greifen Sie zum Schokoladenriegel, um sich wenigstens etwas Gutes zu tun.

Bei zu viel Erregung: Sind Sie unruhig, ärgerlich, gereizt, frustriert oder durcheinander? Das sind schlechte Grundlagen für Ihre Selbstkontrolle. Viel Erregung wird jedoch nicht nur durch negative Gefühle hervorgerufen – sogar angenehme Gründe können die Ursache sein. Bei der Zusage für Ihren Traumjob, dem „Ja" auf Ihren Heiratsantrag oder dem Lottojackpot wird Ihr Verstand wahrscheinlich kapitulieren und seine Kontrolle an das Unbewusste abgeben.

Bei starken Reizen: Das kennen wahrscheinlich alle, die schon einmal etwas für ihre Gesundheit tun wollten, wie zum Beispiel weniger Süßigkeiten essen, mit dem Rauchen aufhören oder weniger Alkohol trinken: Früher oder später kommen die meisten auf die Idee, die Schokolade zu verbannen, keine Zigaretten mehr zu kaufen oder den schönen Rotwein im Regal stehenzulassen. Das reduziert die Gefahr, zum Begehrten zu greifen und zuzuschlagen, wenn die Verstandeskontrolle einmal kurz nachlässt.

Mangelnde Befriedigung von Basisbedürfnissen: Dazu gehören körperliche Bedürfnisse wie genügend zu essen und zu trinken oder ausreichend Schlaf.

Aber auch psychologische Bedürfnisse wie beispielsweise ausreichend Sozialkontakte, Zeit für sich, Anerkennung, Entscheidungsfreiheit oder Autonomie zählen zu den Basisbedürfnissen. Sobald eines oder mehrere dieser Bedürfnisse unerfüllt sind, übernimmt das Unbewusste die Kontrolle.

Der Verstand lässt sich mit einem hochgezüchteten, sensiblen Rennpferd vergleichen. Bei optimalen Bedingungen ist er zu Höchstleistungen fähig. Er kann Zukunftsszenarien entwerfen, neue Informationen in Überlegungen einbeziehen, Kalkulationen durchführen, Argumente gegeneinander abwägen und viele andere bemerkenswerte Dinge. Das macht er, indem er seine gesamte Aufmerksamkeit und Konzentration auf eine Sache richtet und diese Zug um Zug abarbeitet. Der Verstand ist auf serielle Verarbeitung spezialisiert.

Das Unbewusste ist im Vergleich ein Ackergaul, der zuverlässig und stetig seinen Dienst versieht und den Karren zieht. Und wenn dem Verstand alles zu viel ist, weil der Jockey einige Gramm zu viel wiegt, es zwei Grad zu kalt ist oder die Sonne zu grell scheint, zieht der Ackergaul immer noch treu und sicher seine Runden. Das Unbewusste hat noch eine andere bemerkenswerte Eigenschaft: Es kann viele verschiedene Informationen gleichzeitig verarbeiten. Deshalb können wir Auto fahren und uns gleichzeitig angeregt mit unserem Beifahrer unterhalten oder Kaffee kochen und zugleich telefonieren. Diese Fähigkeit verdanken wir der Parallelverarbeitung des Unbewussten.

Nun stellt sich die Frage: Wann herrschen in einem ganz normalen Büroalltag die Bedingungen, die der Verstand zum optimalen Funktionieren benötigt? Praktisch nie. Deshalb kann ein Vorsatz dauerhaft nur mit Unterstützung des Unbewussten zuverlässig umgesetzt werden. Die Verstandesabsicht allein reicht in aller Regel nicht aus. Das gilt natürlich genauso für die Umsetzung der Teamwerte. Allein der Vorsatz, sich nicht mehr aufzuregen, sondern gelassen und wertschätzend miteinander umzugehen, ist spätestens in der Hektik der Softwareauslieferung vergessen. Ähnliches gilt für die gute Absicht, die Themen zielstrebig und fokussiert abzuarbeiten. Beim ersten Kollegen mag es noch gelingen, sie auf später zu vertrösten. Doch wenn sich die Mails mit Anfragen häufen und zudem die Chefin etwas will, ist es wahrscheinlich auch mit diesem guten Vorsatz vorbei.

Dennoch gibt es Menschen, die ihre Vorsätze ausschließlich mit Selbstkontrolle umsetzen. Menschen, die ihr Ding immer mit viel Selbstdisziplin und eisernem Willen durchziehen. Und das auf Dauer, immer und immer wieder. Diese Form des Selbstmanagements ist gefährlich. Forschungsergebnissen zufolge kann zu viel Selbstkontrolle auf Dauer krank machen und Auslöser für Depressionen, Essstörungen oder Burn-out sein (Adlmaier-Herbst, Storch, Storch & Breiter, 2018). Selbstkontrolle ist für kurzfristige Aktionen geeignet. Ein Wochenendeinsatz, um das Projekt fristgerecht abzuschließen, führt zu keinem Burn-out. Eine strapazierende Prüfung macht noch nicht depressiv. Ein Gespräch mit einem wütenden Benutzer, der die fehlerhafte Software reklamiert, resultiert nicht in einer Essstörung. Wer jedoch einen Großteil seiner Zeit im Selbstkontrollmodus verbringt, dem droht chronischer Stress mit körperlichen und seelischen Konsequenzen. Als Faustregel gilt, dass man in maximal einem Drittel seiner Lebenszeit Selbstkontrolle nutzen sollte. Für die anderen zwei Drittel sollte man Selbstregulation verwenden.

Fassen wir zusammen: Selbstregulation ist immer dann die erste Wahl, wenn man etwas zuverlässig und dauerhaft umsetzen möchte. Bei dieser Form des Selbstmanagements sind Verstand und Unbewusstes synchronisiert und ziehen an einem Strang. Für die Umsetzung von Werten in einem Team bedeutet das: Jedes Teammitglied sollte überprüfen, was sein Unbewusstes zu dem bewusst gewählten Teamwert meint. Im ZRM ist das der erste Schritt zum agilen Mindset, also zu einer Haltung, in der Verstand und Unbewusstes synchronisiert sind. Schauen wir diesen ersten Schritt im ZRM-Training genauer an und wie es danach weitergeht.

Rubikon-Prozess

Das ZRM arbeitet mit einer klar definierten Vorgehensweise: dem Rubikon-Prozess, den Sie bereits kennengelernt haben. Er orientiert sich an den einzelnen Phasen, die ein Vorhaben durchlaufen muss, bevor es zuverlässig umgesetzt werden kann. Dieses Vorgehen bietet Ordnung und Orientierung. Man weiß jederzeit, wo im Prozess man sich befindet (s. **Abb. 3-2**).

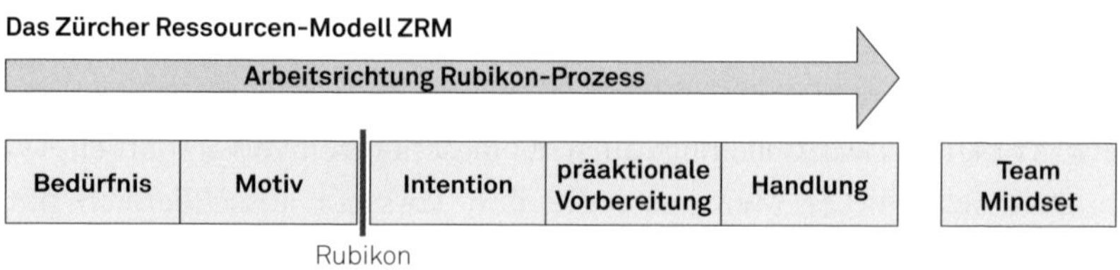

Abbildung 3-2: ZRM Ablauf Übersicht

Die erste Phase befasst sich mit den Bedürfnissen und Motiven. Bedürfnisse sind Antriebe und Wünsche des Unbewussten. Man kann keine Auskunft über sie geben, weil sie unbewusst sind. Im ZRM ist die Erfassung des eigenen Unbewussten eine zentrale Komponente. Für die Exploration des Unbewussten nutzt das ZRM eine eigens dafür zusammengestellte Bildkartei. Die Inhalte der Bilder sind ressourcenorientiert, d.h., sie zielen darauf ab, ausschließlich positive Gefühle auszulösen. Eine weitere Besonderheit des ZRM besteht darin, dass die Auswahl der Bilder nicht mit dem Verstand erfolgt, sondern aufgrund somatischer Marker. Diese Signale des Unbewussten werden mit eigenen Assoziationen und einer Art Brainstorming in der Gruppe in Sprache übersetzt. Damit sind die zuvor unbewussten Inhalte offenbar und haben eine sprachliche Form erhalten. Sobald die Bedürfnisse bewusst geworden sind, spricht das ZRM von Motiven. Die Motivbesitzerin bzw. der Motivbesitzer hat sie bewusst zur Kenntnis genommen, kann darüber sprechen und sich verstandesgemäß mit ihnen auseinandersetzen. Meistens benutzen wir dann Formulierungen wie „Ich will", „Ich sollte" oder „Ich möchte".

Etwas zu wollen, heißt noch lange nicht, dass man es auch macht. Zuvor ist die große Schwelle des innerpsychischen Rubikons zu überschreiten: Aus dem Motiv muss eine Intention werden. Eine Intention unterscheidet sich von einem Motiv durch ein starkes Gefühl des Wollens. Die Intention – oder das Mindset – ist mit einem Gefühl der Entschlossenheit verbunden. Von nun an ist klar: Die Absicht wird umgesetzt. Diese Überzeugung ist von positiven Gefühlen und einem innerlichen „Ja" begleitet. Intrinsische Motivation als entscheidende Komponente ist gegeben.

Nach der Rubikon-Überquerung gelingt es manchmal noch nicht, das Vorhaben umzusetzen. An dieser Stelle kommt die präaktionale Vorbereitung ins Spiel. Diese Phase wird in jenen Fällen benötigt, wenn ein Mensch im Bezug auf seine Intention unerwünschte Automatismen hat. Diese veranlassen ein völlig anderes Verhalten, als es die neue Intention vorsieht. Das ist typischerweise bei dem Umgang mit Stress und Angst der Fall. Beispielsweise hat jemand Angst davor, Präsentationen zu halten. Er hat die Intention gebildet: „Ich bin die Ruhe selbst". Doch sobald diese Person in den Meetingraum kommt, die vielen Stuhlreihen sieht, die Präsentationsleinwand bemerkt, geht es los: Verschwitzte Hände, heftiges Herzklopfen und ein Kloß im Hals – der alte Stressautomatismus macht sich breit. Für derartige Situationen ist die Phase der präaktionalen Vorbereitung gedacht. Alle notwendigen Maßnahmen werden getroffen. Ist alles erledigt, ist diese Phase beendet und es geht zur Handlung.

In einem Teamsetting empfiehlt es sich, nach dem Rubikon-Prozess ein Team-Mindset zu entwickeln. Es repräsentiert ein gemeinsames Ziel des Teams, das die bewusste und unbewusste Ebene miteinbezieht. Es entsteht ein gemeinsames inneres Bild von wertebasierter Teamarbeit. Das fördert effektive Koordinationsleistungen des Teams und eine optimale gegenseitige Unterstützung.

Jeder Mitarbeitende kann mit der klar definierten Vorgehensweise des ZRM ein agiles Mindset mit den persönlichen Werten entwickeln und die erforderlichen Maßnahmen ergreifen, um es erfolgreich in den Alltag zu integrieren. Erinnern wir uns: Alle entscheiden selbst, welche Teamwerte sie in ihr eigenes Mindset übernehmen möchten. Dieser verstandesgemäße Vorsatz ist mit dem Input des Unbewussten abzugleichen. Unterstützen unbewusste Bedürfnisse das Motiv des Verstandes? Oder gibt es einen Konflikt? Schauen wir uns an, welche verschiedenen Konstellationen von Bedürfnis und Motiv denkbar sind.

Bedürfnis und Motiv

Vor dem Rubikon geht es um die Klärung der unbewussten Bedürfnisse und der bewussten Motive. Für eine nachhaltige Verhaltensänderung ist es wesentlich, Verstand und Unbewusstes zu dem geplanten Vorhaben zu befragen. Damit beginnt der Weg zum agilen Mindset mit den gewünschten Teamwerten. Je nachdem, wie die Antwort der beiden Systeme ausfällt, können sich verschiedene Konstellationen von Motiv und Bedürfnis ergeben.

Bedürfnis und Motiv stimmen überein

Diesen Personen gelingt es meistens leicht, ihr Verhalten an dem gewählten Teamwert auszurichten. Sie verfügen bereits über die notwendige Motivation. Angenommen, jemand verzettelt sich leicht und nimmt sich vor, seine Arbeit zielstrebiger und effizienter zu erledigen. Sowohl Verstand wie auch Unbewusstes unterstützen dieses Vorhaben. Ein Buch zum Thema wird gekauft und durchgearbeitet. Direkt im Anschluss macht sich diese Person daran, alle anstehenden Aufgaben in einem Verwaltungssystem zu erfassen und zu ordnen. Obgleich noch weitere Schritte notwendig sind, ist damit ein erfolgversprechender Anfang gemacht.

Doch selbst wenn sich Bedürfnis und Motiv im Einklang befinden, kann es passieren, dass ein Vorhaben nicht umgesetzt wird. Die erforderliche Motivation ist zwar vorhanden, doch es gibt unerwünschte Automatismen, die jemand früher gelernt hat. Ob das der Fall ist und diese Konstellation tatsächlich vorliegt, sollte unbedingt überprüft werden. Insofern ist es notwendig, auch hier den Input des Unbewussten zu evaluieren und sich dessen Ideen anzuhören. Was beim ZRM im Fall von Automatismen ganz konkret getan werden kann, um den persönlichen Teamwert erfolgreich in die Tat umzusetzen, schauen wir uns in Kapitel 3.6 an.

Bedürfnis und Motiv befinden sich im Konflikt

Menschen mit einem unbewussten Motivkonflikt gelingt es aus unerfindlichen Gründen nicht, ihr geplantes Vorhaben umzusetzen. Egal was Sie tun, etwas scheint ihre Verstandesabsicht regelrecht zu sabotieren. Das kann entweder an unerwünschten Automatismen liegen oder daran, dass das Unbewusste mit dem geplanten Verhalten nicht einverstanden ist. Woran es tatsächlich liegt, kann nur geklärt werden, wenn sich das Unbewusste äußern darf.

Ein typisches Beispiel dafür ist jemand mit der bewussten Absicht, Aufgaben eigenständiger zu erledigen und Entscheidungen autonomer zu treffen. Doch es gelingt dieser Person einfach nicht, diesen Vorsatz umzusetzen. Obwohl sie es wirklich will: Sie leidet unter dem Gefühl der Bevormundung und dem Eindruck, immer wieder übergangen zu werden. In Fällen wie diesem kollidiert der bewusste Wunsch nach Freiheit und Selbstbestimmung oft mit dem unbewussten Bedürfnis nach Beziehung und Nähe. Es bringt die Person dazu, sich loyal an anderen zu orientieren, statt unabhängig und authentisch zu agieren.

Die Inhalte des Unbewussten sind oft eine Überraschung für dessen Besitzerin oder Besitzer. Sie sind erstaunt über die Aspekte, die sich zeigen. Für sie ist wesentlich, zunächst einmal zu akzeptieren, dass der Verstand nicht die einzige Instanz für Verhalten und Entscheidungen ist. Beides wird gleichermaßen durch Gefühle bestimmt. Gefühle sind damit keineswegs ein lästiges, schwer zu kontrollierendes Überbleibsel unserer Vorfahren, sondern informieren uns über wichtige Erfahrungen, die wertvolle Hinweise liefern.

Auch in dieser Konstellation liefert das Unbewusste wichtige Informationen über die Bedürfnisse. Diese müssen mit dem Motiv in Einklang gebracht werden, damit man den innerpsychischen Rubikon überschreiten und ein geeignetes Mindset bilden kann. Im ZRM gibt es hierfür einen eigenen Zieltyp: das Motto-Ziel. Im nächsten Kapitel erfahren Sie, wie ein Motto-Ziel in der Praxis entwickelt wird. Diese Arbeit an der inneren Haltung eines Menschen ist ein wichtiges Kernelement im ZRM-Training.

Bewusste Motive stehen im Konflikt

Eine letzte Konstellation, die wir hier anschauen wollen, ist der bewusste Motivkonflikt. Er liegt vor, wenn sich Menschen ihrer unterschiedlichen Bedürfnisse bewusst sind, diese sich jedoch widersprechen. Eine Sache ist also erstrebenswert, hat aber einen Haken.

Das ist beispielsweise dann der Fall, wenn eine Person sehr hilfsbereit ist und die Kollegen gerne bei allen Fragen und Problemen unterstützt. Sobald aber gleichzeitig eine dringende Arbeit mit Termin zu erledigen ist, ergibt sich eine Zwickmühle. Was ist nun wichtiger: Hilfsbereit den Kollegen unterstützen, sodass er mit seiner Arbeit weiterkommt? Das bedeutete, die eigene Arbeit nicht wie versprochen abliefern zu können. Der Preis wäre demnach, als unzuverlässig zu gelten. Oder ist es besser, der Zuverlässigkeit Vorrang zu geben und das eigene Thema wie versprochen abzuschließen? Das hieße, den Kollegen abweisen zu müssen. Hier wäre der Preis, als unkollegial zu gelten.

Diese Ambivalenzen gibt es im täglichen Arbeitsalltag häufig. Für dieses Dilemma gibt es eine Lösung, ohne dass man sich für eine der beiden Varianten entscheiden muss. Hierfür lässt sich eine beeindruckende Fähigkeit des Unbewussten nutzen. Der Verstand bearbeitet Informationen seriell. In einer Entscheidungssituation führt dieser Verarbeitungsmodus zu einem Entweder-oder: Entweder ich bin hilfsbereit oder ich bin zuverlässig. Aus Verstandessicht geht nicht beides. Eine Sowohl-als-auch-Lösung ist dagegen mit der parallelen Informationsverarbeitung des Unbewussten möglich. Deshalb ist es auch hier angebracht, den Input des Unbewussten abzuholen.

In jeder Konstellation ist es empfehlenswert, zunächst das Unbewusste zu dem geplanten Vorhaben zu befragen. Auf diese Weise kann gewährleistet werden, dass das gesamte psychische System das beabsichtige Verhalten unterstützt, Motivation gegeben ist und neue Verhaltensroutinen gebildet werden können. An welchen Teamwerten auch immer sich einzelne Mitarbeitende ausrichten möchten: Sie kommen nicht umhin, den Input des Unbewussten abzuholen. Verstand und Unbewusstes müssen mit dem gewählten Teamwert einverstanden sind. Nur dann ist die Basis für ein agiles Mindset vorhanden.

So viel zu den Eigenschaften und Funktionsweise der beiden Systeme, die wir nun für den Aufbau eines Mindsets mit den gewünschten Teamwerten nutzen werden. Im nächsten Kapitel schauen wir uns an, wie das in der Praxis funktioniert.

3.4. Schritt 1: Persönlichen Wert ergründen

Motiv klären

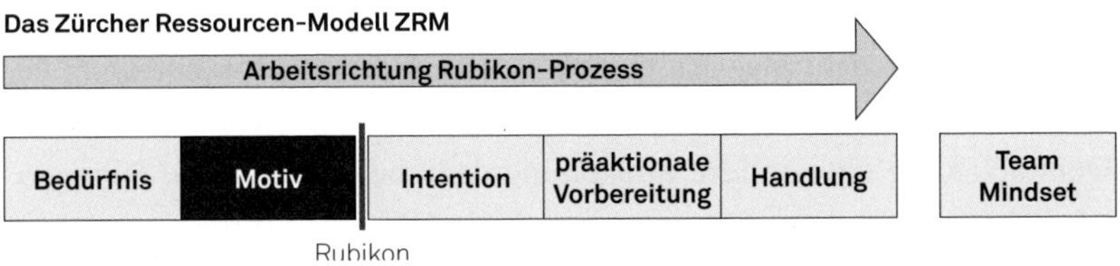

Abbildung 3-3: ZRM Ablauf – Motiv

Im Rubikon-Prozess befinden wir uns nun in der bewussten Motivphase (s. **Abb. 3-3**). Hier steht die Motivklärung im Mittelpunkt. Jedes Teammitglied sucht sich aus den zuvor vereinbarten Teamwerten einen persönlichen Wert aus. Maßgebend für diese Wahl ist die Frage, mit welchem persönlichen Wert eine Person den größten Beitrag zu einer besseren Teamzusammenarbeit leisten kann. Bei dieser Frage ist der Verstand gefordert. Man nutzt seine Fähigkeit, zu analysieren, nachzudenken und vorauszuschauen, um sich für seinen persönlichen Wert zu entscheiden.

In der Zusammenarbeit mit vielen Teams habe ich immer wieder festgestellt, dass jeder Mitarbeitende des Teams andere Werte als besonders wichtig ansieht. Eine Mitarbeiterin ist bereits die Zuverlässigkeit in Person, findet sich jedoch zu wenig entscheidungsfreudig. Ein anderer Kollege agiert bereits mit Mut und Weitblick, wünscht sich dagegen mehr Geduld in der täglichen Arbeit. Selbst wenn zwei Personen denselben Wert auswählen, unterscheidet sich die Art und Weise, wie sie diesen umsetzen möchten. Beispielsweise verbindet eine Person mit mehr Zielstrebigkeit ihren Wunsch, sich besser abgrenzen zu können. Eine andere möchte sich hingegen nicht mehr so leicht im Detail verlieren. Jeder Mensch hat seine ganz eigenen Vorstellungen über die Wichtigkeit und Priorität der Werte und wie er diese im Alltag verwirklichen möchte. Wie ein Wert konkret umgesetzt werden sollte, kann schwerlich in einer konkreten, allgemeingültigen Verhaltensanweisung beschrieben werden.

In den meisten Teams lassen sich typische Schwierigkeiten beobachten. Mit diesen Themen kämpfen auch Patricks Team und die fünf Protagonisten, die Sie bereits kennengelernt haben. Das soll zeigen, dass für jede und jeden im Team ein bestimmter Wert besonders wichtig ist. Diesen sollten alle individuell umsetzen, sodass gleichzeitig die Teamarbeit davon profitiert.

Eine Besonderheit des ZRM besteht darin, dass Vorbehalte gegenüber einem Wert bearbeitet werden können. Alles hat Platz, nichts wird schöngeredet. Es ist illusorisch zu glauben, dass sich jemand für eine Sache begeistert, die er nicht mag. Zahnarzt, Steuererklärung oder eine nicht bestandene Prüfung sind unerfreulich, da muss man sich nichts vormachen. Dennoch kann eine andere Einstellung dazu beitragen, diese Dinge erträglicher zu machen. Das gilt ebenso für Werte. Natürlich würde ein Team davon profitieren, wenn der Bremser, der alles kritisiert, Offenheit auf einmal cool fände. Doch wer Offenheit nicht mag, wird sich wahrscheinlich kaum jemals dafür begeistern können. Diese Person könnte sich jedoch überlegen, wie ein anderer Umgang mit Offenheit für sie persönlich aussehen könnte, und eine entsprechende Absicht formulieren. Diese soll später in einem neuen Mindset münden. Das ermöglicht ein anderes Verhalten in jenen Situationen, in denen Offenheit gefragt ist.

In diesem ersten Schritt des ZRM-Trainings entscheiden sich alle im Team für einen oder zwei Teamwerte, mit denen sie den größten Beitrag zu einer besseren Teamarbeit leisten können. Patrick entscheidet sich für die Autonomie. Er notiert sich seine Absicht „Mehr Autonomie in das Team bringen“. „Ich will einfach nicht mehr an allen möglichen Themen beteiligt sein und so oft zum Flaschenhals werden“, erklärt er. „Ich möchte nicht mehr so weitermachen wie bisher, denn unsere Abgabetermine sind eng. Den anderen wird es wahrscheinlich sogar gefallen, wenn sie mehr Freiraum bekommen und mich nicht immer involvieren müssen. Schwieriger wird es wohl nur für mich, wenn ich die Zügel lockerer lasse

Abbildung 3-4: Motiv Patrick und Fabienne

und meinem Team mehr zutraue.“ Fabienne möchte gerne in stressigen Phasen ruhig und gelassen bleiben. „Das würde nicht nur meinem Nervenkostüm guttun, sondern auch unserem Umgang miteinander“, beschließt sie. „Ich entscheide mich für die Wertschätzung, verbunden mit Gelassenheit. Letztere gehört zwar nicht zu den Teamwerten, für mich gehört jedoch beides zusammen.“ Fabienne schreibt sich „Bei Stress gelassen und wertschätzend bleiben“ auf (s. **Abb. 3-4**).

Eric wünscht sich eine neue Haltung im Bezug auf die anstehenden Veränderungen. „Ich habe nur noch zwei Jahre bis zur Rente. Bis es so weit ist, möchte ich am liebsten so weiter arbeiten, wie es sich für mich bisher bewährt hat. Mit neuen Ideen hab’ ich nichts am Hut“, erläutert er. „Für mich ist dennoch der Wert Offenheit am wichtigsten. Und zwar in dem Sinne, dass ich mit all den anstehenden Veränderungen entspannt umgehen kann. Dann werde ich hoffentlich nicht mehr so schnell zum Bremser, der nur kritisiert.“ Er notiert sich sein Thema „Offenheit, entspannter Umgang mit Neuem“. Reinhard will sich nicht mehr so viele Themen gleichzeitig aufbürden. „Mein Problem ist hausgemacht“, bekennt er sich. „Ich sag’ einfach schnell ‚Ja‘, wenn mich jemand um etwas bittet oder es darum geht, irgendwo mitzumachen. Ich arbeite immer an vielen Themen parallel. So dauert es natürlich lange, bis ich ein Thema abschließen kann. Die anderen haben sich schon manches Mal geärgert, dass ich etwas nicht zum versprochenen Termin fertigstellt habe. Größere Zielstrebigkeit, das täte mir gut.“ Er schreibt sich „Besser abgrenzen, größere Zielstrebigkeit“ auf. Der persönliche Wert von Sebastian ist ebenfalls Zielstrebigkeit. Allerdings begründet er ihn völlig anders als Reinhard: „Für mich bedeutet Zielstrebigkeit, dass ich die Übersicht über ein Thema behalte. Ich tauche schnell in einen Einzelaspekt ab und verliere mich gerne darin. Ich halte mich noch viel zu lange bei diesem einen Punkt auf. Am Schluss habe ich keine Zeit mehr für alles

Abbildung 3-5: Motiv Eric, Reinhard und Sebastian

andere, was sonst noch wichtig ist“, beschreibt Sebastian seinen Vorsatz. Er wünscht sich eine „pragmatische, zielstrebige Vorgehensweise“ (s. **Abb. 3-5**).

Nun haben alle im Team entschieden, mit welchen Werten sie arbeiten möchten. Wie Sie im vorherigen Kapitel erfahren haben, ist es wichtig, Verstand und Unbewusstes zu synchronisieren. Nur wenn beide Systeme mit einem Wert einverstanden sind, kann eine neue Intention – also ein neues Mindset – gebildet und das Verhalten langfristig danach ausgerichtet werden. Der Vorsatz des Verstandes ist jetzt geklärt. Nun schauen wir uns an, wie man das Unbewusste mit ins Boot holen kann.

Input des Unbewussten abholen

Im vorherigen Kapitel standen die bewussten Motive im Zentrum der Überlegungen. Nun geht es darum, sich die Unterstützung des Unbewussten für diesen Vorsatz abzuholen (s. **Abb. 3-6**). Mit dem Input des Unbewussten lassen sich beide Systeme synchronisieren. Ein neues Mindset kann aufgebaut werden. Eine geeignete Haltung fühlt sich wesentlich besser an als das Gefühl der Ambivalenz, das sich einstellt, wenn der Verstand das eine will und das Unbewusste etwas anderes. Für dieses neue Mindset muss das Unbewusste befragt werden.

„Eine neue Haltung für mein Thema, das wäre super“, freut sich Reinhard. „Ich habe schon viele Tipps ausprobiert, damit ich nicht so schnell

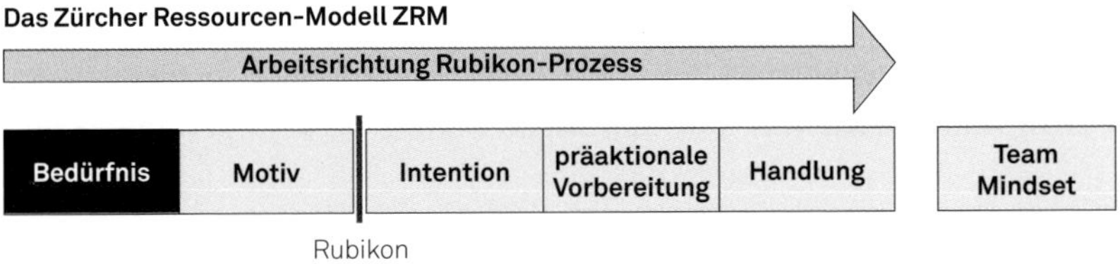

Abbildung 3-6: ZRM Ablauf – Bedürfnis

‚Ja' sage, wenn ich etwas nicht tun möchte oder einfach keine Zeit dafür habe: Bedenkzeit erbeten, meine Absage nett verpackt oder Alternativen aufgezeigt zum Beispiel. Aber es hat nicht richtig funktioniert. Meistens hatte ich ein ungutes Gefühl bei diesen Antworten. Na ja, dann habe ich es wieder gelassen. Ich bin jetzt wirklich neugierig, ob es besser funktioniert, wenn das Unbewusste mit an Bord ist."

Um eine neue Haltung aufzubauen, muss zunächst das Unbewusste nach seiner Meinung und seinen Ideen befragt werden. Das geschieht über geeignete Bilder. Schließlich hat das Unbewusste keine Sprache wie der Verstand. Wer die Meinung des Unbewussten abholen möchte, muss dies berücksichtigen. Die Frage für die Bildwahl lautet: Welches Bild hilft mir dabei, meinen gewählten Wert umzusetzen? Jeder wählt das Bild aus, das in ihm ein positives Gefühl auslöst. Vielleicht erinnern Sie sich: Das Unbewusste äußert sich über Körpergefühle, über die somatischen Marker. Indem das Bild mit einem positiven somatischen Marker ausgewählt wird, ist sichergestellt, dass das Unbewusste diese Bildwahl trifft.

Patrick entscheidet sich für ein Bild, das einen Obstbaum mit reifen, leuchtend roten Früchten zeigt, Fabienne wählt ein Bild mit einer Rose, Eric sucht sich ein Bild eines Bären aus, der auf einem Baumstamm liegt. Reinhard wählt ein Bild mit einem Segelschiff, Sebastian schließlich entscheidet sich für ein Bild eines Adlers, der am Himmel seine Kreise zieht.

Input des Unbewussten entschlüsseln

Nun muss die Botschaft des Unbewussten entschlüsselt werden. Es ist zu klären, warum das Unbewusste ein bestimmtes Bild gewählt hat. Die Antwort auf diese Frage wird im ZRM-Training mit der Ideenkorb-Technik ermittelt, die einem Brainstorming in der Gruppe ähnelt. Alle positiven Ideen zu einem Bild werden in einem imaginären Korb gesammelt. Dieser Ideenkorb ist eine Hilfe, um Kommentare des Unbewussten in

Sprache zu übersetzen. Das Unbewusste arbeitet nur mit Bildern, doch der Verstand braucht Sprache, um zu verstehen, was das Unbewusste mit einem Bild ausdrücken möchte. Einige Punkte zu dem gewählten Bild

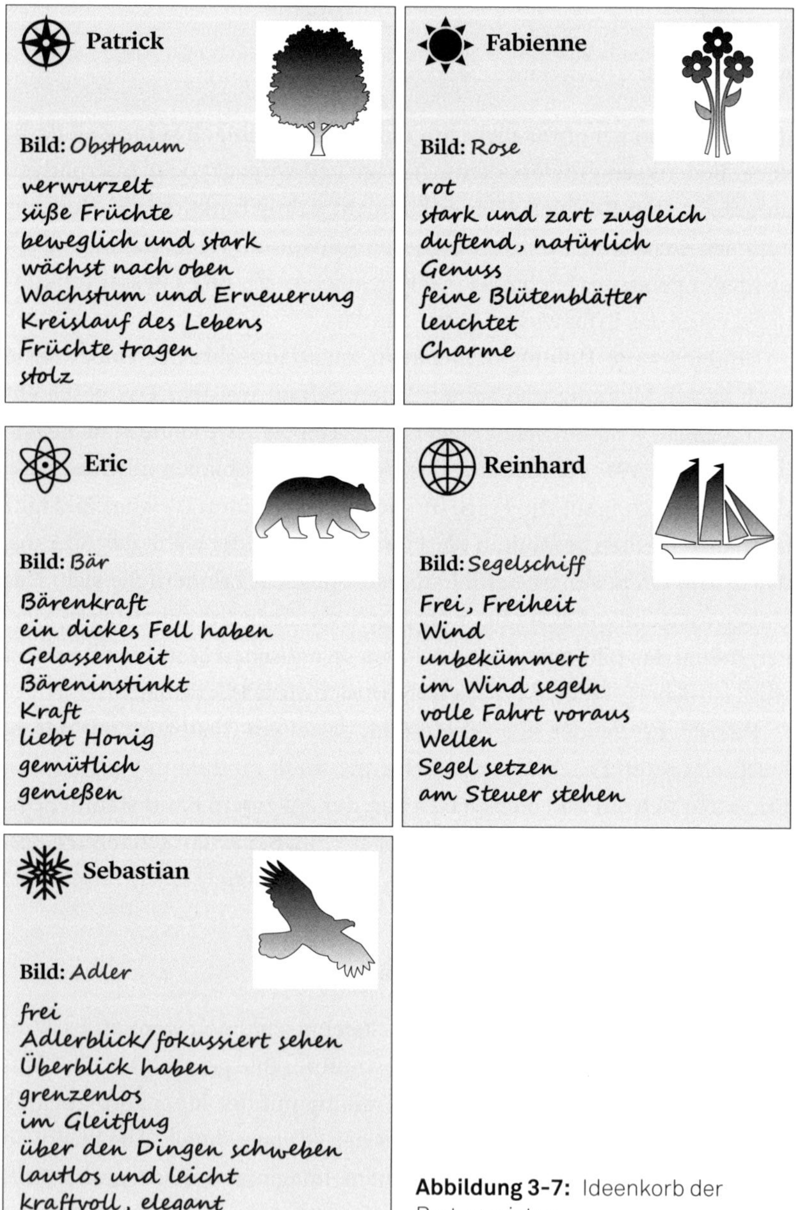

Abbildung 3-7: Ideenkorb der Protagonisten

sind einem vielleicht schon klar geworden. Anderes ist unbewusst geblieben. Mit den Ideen von Fremdgehirnen – also dem Input der anderen im Team – werden auch diese Inhalte bewusst.

Ziel ist es, möglichst viele Ideen zu einem Bild zusammenzutragen. Das Team dient als Ideenlieferant für positive Ideen zu dem gewählten Bild. Alle positiven Assoziationen sind gefragt und werden notiert: Beobachtungen, Fantasien, Gefühle, Formen, Farben oder Redewendungen. Die einzige Bedingung ist, dass diese Ideen positiv sind. Schließlich hat das Unbewusste der Bildbesitzerin bzw. des Bildbesitzers einen positiven somatischen Marker geschickt.

In **Abbildung 3-7** sehen Sie die Ideenkörbe unserer Protagonisten. Damit können Sie sich eine Vorstellung machen, wie der Inhalt eines Ideenkorbes aussehen kann.

Wie geht es nun weiter? Der Ideenkorb muss ausgewertet werden. Dazu verwendet das ZRM eine Affektbilanz. Im Allgemeinen geht man davon aus, dass positive Gefühle das Gegenteil von negativen Gefühlen sind. Auf einer Skala sieht das demnach so aus wie in **Abbildung 3-8** dargestellt.

Diese Skala bedeutet, dass es einer Person automatisch gut geht, wenn sie sich von den negativen Gefühlen wegbewegt. Das stimmt so jedoch nicht. Diese Darstellung wird der Funktionsweise des Gehirns nicht gerecht. Das Gehirn verarbeitet positive und negative Gefühle nämlich in zwei verschiedenen Regelkreisen: Das Belohnungssystem ist für positive Gefühle zuständig und das Bestrafungssystem kümmert sich um die negativen Gefühle. Deswegen ist es sinnvoll, die Gefühle in den zwei getrennten Skalen der Affektbilanz abzutragen.

Warum heißen diese Skalen Affektbilanz? Affekte sind die einfachsten Gefühle des Gehirns. Sie sind entweder positiv oder negativ. Eine weitere Eigenschaft der Affekte ist ihre Intensität: Sie können schwach oder stark ausgeprägt sein. Für alle möglichen Situationen, Sachen oder Personen kann eine Affektbilanz erstellt werden. Sie hat keine Unterteilung in einzelne Werte, einzig die Endpunkte sind mit 0 für das Minimum und 100 für das Maximum versehen. Warum ist das so? Der Verstand ist mit dieser visuellen Analogskala überfordert und delegiert die Angelegenheit an das Unbewusste. Dieses kann mühelos auch ohne Einteilung in Zahlen die

Abbildung 3-8: Skala positive – negative Gefühle

Intensität eines Affektes bestimmen. Im Anschluss daran kann der Verstand diese Bewertung mit einer Zahl versehen, wenn es gewünscht ist.

Schauen wir uns einige Beispiele an. Negativer Affekt kann durch vieles ausgelöst werden: Zahnarztbesuch, Steuernachzahlung, lange To-do-Liste, ungerechtfertigte Kritik oder Überstunden. Wie die Affektbilanz im Fall der Überstunden aussehen könnte, sehen Sie in der **Abbildung 3-9** ganz links.

Auch für positiven Affekt gibt es viele mögliche Gründe: ein warmer Sommertag am See, ein romantisches Abendessen zu zweit, eine Gehaltserhöhung oder ein erfolgreich beendetes Projekt. Eine mögliche Affektbilanz für das erfolgreich abgeschlossene Projekt sehen Sie in der Mitte der Abbildung 3-9.

Positiver und negativer Affekt können gleichzeitig auftreten. Diese gemischten Gefühle sind völlig normal. Sie sind kein Grund, an sich selbst zu zweifeln und sich zu fragen, ob irgendetwas nicht richtig funktioniert. Gemischte Gefühle können beispielsweise durch eine Beförderung hervorgerufen werden. Sie ist Anlass zu großer Freude, das zeigt sich in dem hohen Wert der positiven Skala. Allerdings braucht es viel Zeit und Energie, bis man sich in die vielen neuen Aufgaben eingearbeitet hat. Das erklärt den Wert auf der negativen Skala. Die Affektbilanz ganz rechts zeigt diese ambivalenten Gefühle.

Die Affektbilanz zu einem Begriff ist individuell sehr verschieden. Möglicherweise finden Sie Überstunden gar nicht schlimm und sehen darin eine Möglichkeit, Ihr Gehalt ein wenig aufzubessern. Diese andere

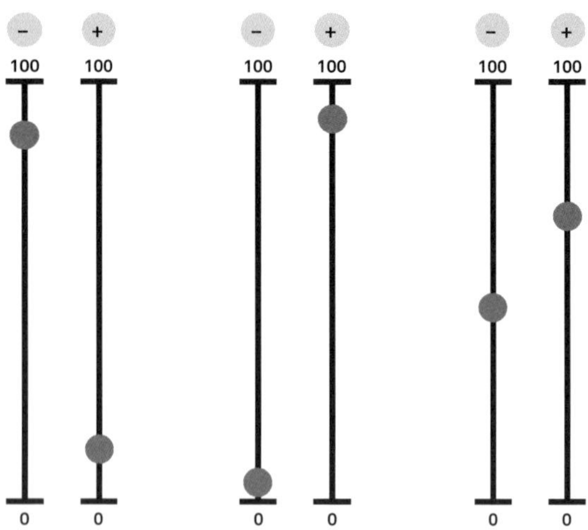

Abbildung 3-9:
Affektbilanz Beispiele

Bewertung resultiert natürlich in einer anderen Affektbilanz. Sie zeigt die Bewertung des Unbewussten. Im Unbewussten sind Lebenserfahrungen gespeichert. Da jeder in seinem Leben andere Erfahrungen gemacht hat, sind die Bewertungen in der Affektbilanz sehr unterschiedlich.

Nun geht es also darum, den Ideenkorb mit der Affektbilanz auszuwerten. Es gilt die Regel: Nur jene Begriffe werden in die nächste Phase des Rubikon-Prozesses übernommen, die 0 auf der negativen und mindestens 70 auf der positiven Skala aufweisen. Negative Gefühle bergen die Gefahr, zu zögern oder zu vermeiden. Für das erfolgreiche Weiterarbeiten ist die vollkommene, freudige Zustimmung des Unbewussten notwendig. Die Begriffe, die das Unbewusste besonders begeistern, werden im ZRM als Lieblingsideen bezeichnet.

Eric meldet sich zu Wort. „Ich habe dazu eine Frage", sagt er mich leuchtenden Augen. „Sofort nachdem ich den Bären auf meinem Bild gesehen habe, ist mir Balu eingefallen – der Bär aus dem Dschungelbuch. Der sprüht nur so vor guter Laune und hat doch dieses Lied gesungen: Probier's mal mit Gemütlichkeit. Gleichzeitig ist er mutig und stark, wenn es darum geht, Mogli zu beschützen. So wünsche ich mir meine letzten beiden Berufsjahre. Ganz entspannt auf der einen Seite. Das heißt für mich, dass ich die Dinge so weitermachen darf, wie sie sich für mich bewährt haben. Auf der anderen Seite könnt' ich in manchen Situationen nochmals richtig Gas geben. Wenn mich ein Thema interessiert zum Beispiel. Dann würde ich durchaus Neues ausprobieren. Ja, so klingt es für mich richtig gut", überlegt er. „Deshalb würde ich gerne wissen, ob ich Balu zu meinem Ideenkorb hinzufügen kann, obgleich er meine eigene Idee ist?"

Das ist natürlich in Ordnung. Ideen der Bildbesitzenden dürfen in den Ideenkorb übernommen werden. Wichtig ist allerdings, dass sie das Kriterium von 0 auf der negativen und mindestens 70 auf der positiven Skala erfüllen. Nachdem alle in Patricks Team ihren Ideenkorb mit der Affektbilanz ausgewertet haben, besitzen alle eine Liste mit ihren Lieblingsideen (s. **Abb. 3-10**, nachfolgende Seite).

Absicht formulieren

Nun ist der Input des Unbewussten für das geplante Vorhaben entschlüsselt und in Sprache übersetzt. Damit sind die bislang unbewussten Bedürfnisse bewusst geworden. Was in dieser Phase vor dem Rubikon fehlt,

Abbildung 3-10: Lieblingsideen der Protagonisten

ist der Abgleich zwischen Unbewusstem und Verstand. Bedürfnis und Motiv müssen noch synchronisiert werden (s. **Abb. 3-11**).

Hierfür kommt wieder der Verstand ins Spiel. Er fasst die Lieblingsideen in Sätzen zusammen. Dadurch beginnt der Abgleich beider Systeme. Mithilfe des Verstands wird eine Absicht aus Motiv und Bedürfnis formuliert. Das ist im Grunde recht einfach: Aus den Lieblingsideen werden ganze Sätze gebildet, die den gewünschten Zustand ausdrücken. Diese können ruhig etwas holprig klingen, das ist in Ordnung. Ideal ist es, wenn die Sätze bildhaft und fantasievoll sind.

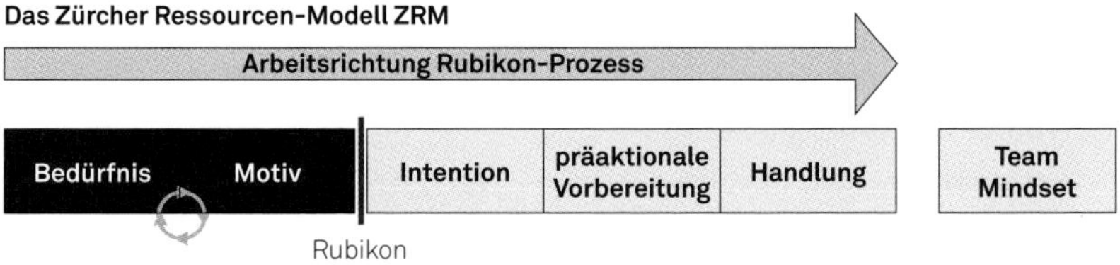

Abbildung 3-11: ZRM Ablauf – Absicht

Abbildung 3-12: Absichten der Protagonisten

Patrick notiert sich mit seinen Lieblingsideen folgende Absicht: „Ich will anderen Wachstum ermöglichen. Ich bin stolz, wenn süße Früchte reifen.“ Fabienne möchte bei Stress wertschätzender und gelassener mit anderen umgehen. Ihre Absicht lautet: „Ich kann meine feinen Blütenblätter schützen, wenn es notwendig ist. Dann leuchten sie mit natürlichem Charme." (s. **Abb. 3-12**, vorherige Seite)

Eric wünscht sich in seinen letzten beiden Arbeitsjahren einen besseren Umgang mit dem Thema Offenheit. Seine Absicht formuliert er folgendermaßen: „Ich habe die Gelassenheit und Gemütlichkeit von Balu und kann mich immer auf meine Bärenkraft verlassen."

Reinhard möchte zielstrebiger sein und sich besser abgrenzen können Er schreibt folgende Absicht nieder: „Ich stehe am Steuer meines Schiffes, bin unbekümmert und mit gesetzten Segeln verschenke ich meine volle Aufmerksamkeit." Sebastian wünscht sich genau wie Reinhard mehr Zielstrebigkeit. Allerdings beabsichtigt er damit, sich nicht mehr so sehr im Detail zu verlieren. Er notiert: „Ich habe Überblick wie ein Adler im grenzenlosen Horizont und schwebe lautlos, leicht und elegant über den Dingen."

3.5. Schritt 2: Agiles Mindset entwickeln

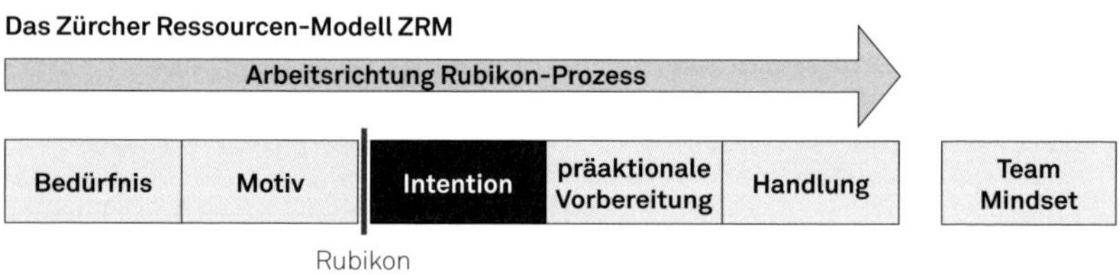

Abbildung 3-13: ZRM Ablauf – Intention

Bei diesem zweiten Schritt geht es um die Formulierung einer handlungswirksamen Intention. Dieser Begriff kommt aus der Motivationspsychologie und meint nichts anderes als das Mindset. Ein geeignetes Mindset bringt jemanden mit seinem Vorhaben über den Rubikon (s. **Abb. 3-13**).

Im Rahmen des ZRM wurde hierfür ein eigener Zieltyp auf Haltungsebene entwickelt: das Motto-Ziel. Es bezieht sich auf die innere Verfassung der bzw. des Zielsetzenden und beschreibt eine innere Einstellung und eine persönliche Haltung. Mit dem Begriff des Motto-Ziels soll deutlich werden, dass sich eine innere Haltung an einem Motto orientieren kann. In unserem Fall wird das Motto aus den gewünschten agilen Werten abgeleitet. Ein agiles Mindset ist demnach in der ZRM-Terminologie ein Motto-Ziel mit dem gewählten Wert. Damit dieses Motto-Ziel handlungswirksam ist, gilt es einiges zu beachten. Machen wir einen kleinen Ausflug in die Theorie der Zieltypen, um die wissenschaftliche Grundlage für diese Technik im ZRM zu verdeutlichen.

Zielpyramide

Abbildung 3-14 zeigt die Zielpyramide mit ihren drei unterschiedlichen Ebenen. Jede Ebene repräsentiert eine Fragestellung, die sich bei der Zielsetzung stellt:

- Haltungsebene: Warum will ich es erreichen?
- Ergebnisebene: Was will ich erreichen?
- Verhaltensebene: Wie will ich es erreichen?

Meistens formulieren wir Vorhaben auf der Ergebnisebene der Zielpyramide. Es sind die bewussten Motive oder Verstandesvorsätze, die wir bereits aus dem Rubikon-Prozess kennen. Jemand nimmt sich beispielswei-

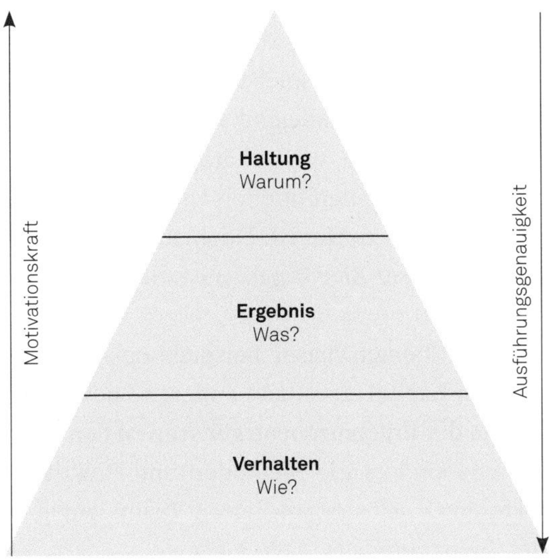

Abbildung 3-14: Zielpyramide

se vor: „Ich möchte fit und beweglich sein." Das ist ein typisches Ziel auf der Ergebnisebene.

Als Nächstes überlegt man sich, wie man dieses Ziel erreichen kann. Damit befindet man sich auf der Verhaltensebene. Man entschließt sich zu richtigen und vernünftigen Vorsätzen und nimmt sich vor, diese fortan regelmäßig umzusetzen. Das kann funktionieren. Es kann jedoch auch schiefgehen, wie Sie vielleicht aus eigener Erfahrung wissen. Es liegt zwar auf der Hand, wie Sie das gewünschte Ziel erreichen können und was Sie dafür tun müssen. Doch aus nicht nachvollziehbaren Gründen klappt es einfach nicht immer. Eigentlich ist alles klar: Sie müssten nur dreimal in der Woche ins Fitnessstudio gehen und Ihre Rückenschmerzen wären wie weggeblasen. Mit Obst anstelle von Süßigkeiten würde Ihr Traumgewicht in greifbare Nähe rücken. Doch so einfach funktioniert das nicht. Warum nicht, ahnen Sie wahrscheinlich schon: Das Unbewusste ist nicht mit an Bord. Wer die Haltungsebene ignoriert, droht mit seinen guten Absichten zu scheitern.

Auch in Organisationen sind Ziele in der Regel auf Ergebnis- und Verhaltensebene formuliert. „Wir möchten die Kooperation im Team fördern und ein Gemeinschaftsgefühl aufbauen", „Wir möchten eine lebendige und konstruktive Feedbackkultur pflegen", „Wir möchten uns konsequent auf die Bedürfnisse des Kunden ausrichten": Diese Vorhaben können auf Ergebnisebene für ein Team formuliert sein. Für jedes Ziel können zahlreiche Maßnahmen auf der Verhaltensebene festgelegt werden, die diese Ergebnisziele unterstützen. Eine konstruktive Feedbackkultur könnte auf Verhaltensebene beispielsweise Folgendes bedeuten: Einmal wöchentlich gibt es eine Gelegenheit zum Austausch, gleiche Redezeit für jeden Mitarbeitenden, wertschätzende Reaktionen zu den Äußerungen einer Person oder einen offenen Umgang mit Fehlern. Mit diesen Vorgaben ist klar, was zu tun ist. Doch auch bei diesen Themen gilt: Für die Umsetzung dieser Zielvorgaben ist die Motivation der Teammitglieder notwendig.

Vielleicht kommen Ihnen die Themen dieser Beispiele bekannt vor. Wir haben sie bereits im zweiten Kapitel aus einem anderen Blickwinkel heraus betrachtet. Die Beispiele der Ergebnisebene gehören zu den Prinzipien, auf der Verhaltensebene sind es die Methoden und Praktiken. Diese verschiedenen Aspekte eines selbstorganisierten Teams entsprechen jeweils einer Ebene der Zielpyramide (s. **Abb. 3-15**).

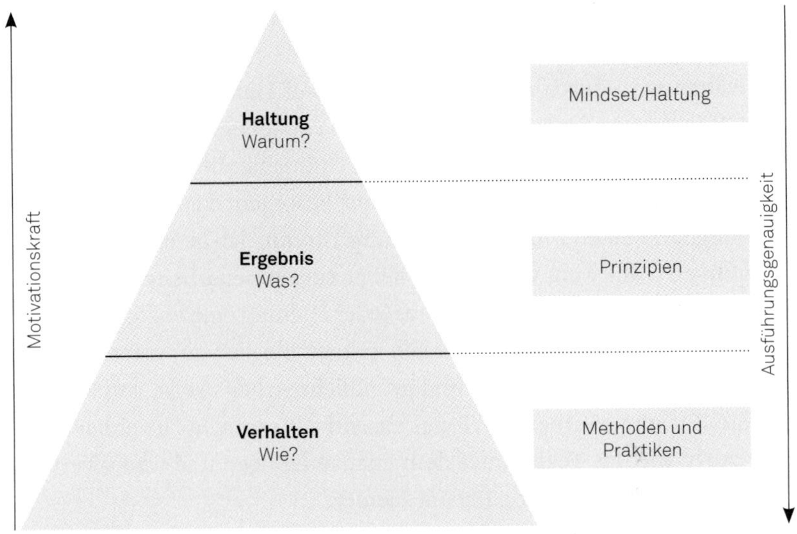

Abbildung 3-15: Zielpyramide mit Aspekten der Agilität

Nun ist einmal mehr klar, warum die einseitige Umsetzung von Werten, Prinzipien, Methoden und Praktiken scheitern kann: Die Motivation der Mitarbeitenden für die Umsetzung fehlt. Die Haltungsebene mit einem geeigneten agilen Mindset bleibt außen vor. Diese Grundvoraussetzung wird in der Praxis oft vergessen: Damit konkrete Verhaltensziele ihre handlungsanleitende Wirkung entfalten können, muss eine Person dafür motiviert sein. Woran liegt es, dass dieser entscheidende Faktor häufig unberücksichtigt bleibt? Ist den Organisationen die Motivation ihrer Mitarbeitenden egal? Sehen sie in Anordnungen und Druck den erfolgversprechenderen Weg? Oder wissen sie womöglich gar nicht, dass agile Methoden und Praktiken allein nicht zielführend sind? Über diese Gründe lässt sich nur spekulieren. Wahrscheinlich liegt es daran, dass nur wenige Menschen ein Verfahren kennen, mit dem ein gewünschtes Mindset entwickelt, Motivation aufgebaut und aktiviert werden kann. Alle Mitarbeitenden in ein Coaching zu schicken, mag zwar zielführend sein, ist jedoch mit einem enormen Zeit- und Kostenaufwand verbunden. Ein Team mit Storytelling und spannenden Geschichten über agile Pioniere wie Spotify zur Nachahmung zu inspirieren, bedeutet nicht gleichzeitig, dass alle für die agilen Maßnahmen des eigenen Teams motiviert sind.

Motto-Ziel als neuer Zieltyp

Motivation wird durch den dritten Zieltyp auf Haltungsebene sichergestellt. Wie können Sie sich ein Haltungsziel vorstellen? Angenommen, Sie arbeiten in einem IT-Team eines großen Onlinehändlers. Person 1 arbeitet nach dem Motto: „Was du heute kannst besorgen, das verschiebe nicht auf morgen“. Person 2 hat die Einstellung „Komm’ ich heut’ nicht, komm’ ich morgen“. Mit wem würden Sie lieber zusammenarbeiten? Und weshalb? Es ist unmittelbar klar, dass aus jeder Haltung eine völlig andere Arbeitsweise resultiert. Wahrscheinlich können Sie sich gut vorstellen, wie positiv sich die gewissenhafte und gründliche Arbeitsweise von Person 1 auf die Zusammenarbeit im Team auswirkt. Gut nachvollziehbar ist sicher auch, wie das Team unter dem unzuverlässigen und wenig vertrauenswürdigen Verhalten von Person 2 leidet.

Motto-Ziele beschreiben eine innere Verfassung der bzw. des Zielsetzenden. Ein Mindset ist in der ZRM-Terminologie ein Motto-Ziel, das eine innere Einstellung und persönliche Haltung repräsentiert. Sobald ein Motto-Ziel gebildet wurde, erlaubt es spontanes und situationsadäquates Handeln. Dieses Haltungsziel kann zahlreiche neue Verhaltensweisen hervorbringen, die weder geplant noch kontrolliert werden müssen. Es wirkt wie Leitplanken einer Straße, die eine Richtung vorgeben, jedoch Bewegungsfreiheit lassen. Ein Motto-Ziel auf Haltungsebene ermöglicht in vielen Situationen angemessenes und kreatives Handeln. Es ist im besten Sinne „agil“ und besonders geeignet für die Umsetzung von Teamwerten. Diese lassen sich nur schlecht in allgemeingültige Verhaltensanweisungen fassen, obgleich sie in das Verhalten der Mitarbeitenden einfließen sollten.

Motto-Ziel und Motivation

Motto-Ziele befinden sich in der Zielpyramide ganz oben, auf der Haltungsebene. Dort ist ebenfalls das Unbewusste angesiedelt. Je weiter oben in der Pyramide ein Ziel formuliert ist, desto näher ist man an der Haltungsebene und damit am Unbewussten. Es ist jener Teil des psychischen Systems, der maßgeblich für Motivation verantwortlich ist. Demzufolge ist umso mehr Motivation vorhanden, je höher man sich in der Zielpyramide befindet. Wenn man eine Sache richtig will und alles dafür tun würde, ist das Unbewusste mit dabei. Druck, Zwang und Angst bewirken das Gegenteil: Motivation fehlt. Wer sich aber die Unterstützung des Unbewussten gesichert hat, kann Berge versetzen, magere Zeiten überstehen und Hindernisse überwinden. Es sichert außerordentliche Ausdauer und Beständigkeit für ein Vorhaben. Deshalb ist es wesentlich, die Mitarbeit des Unbewussten sicherzustellen. Es ist die treibende Kraft, die man braucht, um ein geplantes Vorhaben erfolgreich umzusetzen. Mit einem Motto-Ziel auf Haltungsebene ist diese hohe Motivationskraft gegeben.

Dennoch macht ein Motto-Ziel die anderen Zielebenen nicht überflüssig. Sie werden nach wie vor gebraucht. Der große Vorteil der Verhaltensebene liegt in einer hohen Ausführungsgenauigkeit.

Motto-Ziel und Ausführungsgenauigkeit

Mit der Ausführungsgenauigkeit verhält es sich gerade umgekehrt wie mit der Motivation: Sie ist auf der Haltungsebene sehr tief. Je mehr man sich der Verhaltensebene nähert, umso mehr nimmt sie zu. Die Anweisungen für die Ausführungen werden immer genauer. Wer einen Gänsebraten zubereiten möchte, benötigt ein gutes Rezept mit genauen Anweisungen, was zu tun ist. „Geben Sie den Braten für drei Stunden bei 180 Grad in den Ofen." Mit Beschreibungen in dieser Art kann der Braten gelingen. In diesem Fall wäre das Motto-Ziel „Probieren geht über studieren" wahrscheinlich wenig hilfreich.

Fassen wir zusammen: Alle Ebenen der Zielpyramide haben ihren Sinn. Auf der Ergebnisebene wird festgelegt, welches Ziel erreicht werden soll. Die Haltungsebene stellt gute Motivation sicher und ermöglicht viele adäquate Handlungsoptionen. Die Verhaltensebene gewährleistet eine hohe Ausführungsgenauigkeit. Was bedeuten diese Ausführungen nun hinsichtlich der Teamwerte?

Erste Fassung des agilen Mindsets

Mit dem Vorsatz, einen persönlichen Teamwert umzusetzen, betreten alle im Team die Zielpyramide auf der Ergebnisebene. „Welchen Teamwert möchte ich umsetzen?" Jede und jeder legt das gewünschte Ziel fest, indem sie oder er sich für einen persönlichen Wert entscheidet. Typische Ziele sind beispielsweise „Ich will unabhängiger sein", „Ich will kreativer sein", „Ich will mutiger sein". Mit diesen Zielformulierungen gehen Teams oft sofort auf die Verhaltensebene und schauen, was sie tun können, um diese Werte umzusetzen. Sie wenden sich Methoden und Praktiken zu. Aus den zahlreichen Möglichkeiten suchen sie sich die geeigneten aus. Sie entscheiden sich zum Beispiel für Delegation Poker, ShipIT Days oder das Celebration Grid (Appelo, 2018). Diese Initiativen auf der Verhaltensebene werden meistens eine Zeit lang umgesetzt. Doch nach ein paar Wochen gehen sie im Alltag mehr und mehr unter. Danach bleiben oft nur der Frust über den Misserfolg und die vermeintliche Erkenntnis, dass agile Methoden und Praktiken nicht funktionieren.

Weshalb ist das so? Aus motivationspsychologischer Sicht ist es falsch, von der Zielsetzung geradewegs in die Umsetzung zu gehen – also den direkten Weg von der Ergebnis- zur Verhaltensebene zu wählen. Dieses Vorgehen bezieht lediglich den Verstand mit ein. Allein er muss dafür sorgen, dass die Anweisungen aus den Methoden und Praktiken umgesetzt werden. Wie wir bereits gelernt haben, funktioniert der Verstand nur unter optimalen Bedingungen, die im Alltag selten gegeben sind. Folglich braucht er die Unterstützung des Unbewussten. Es wird durch den Wechsel auf die Haltungsebene in das geplante Vorhaben einbezogen. Beide Systeme können synchronisiert werden. Wenn beide Systeme die Absicht unterstützen, ist die Rubikon-Überquerung möglich. Sie gelingt, indem ein geeignetes Motto-Ziel formuliert wird. Es repräsentiert das gewünschte agile Mindset. Nun besteht ein Gefühl der Entschlossenheit. Eine kraftvolle motivationale Grundlage ist entstanden. Sie ist mit positiven Gefühlen verbunden und stellt das zentrale Element für die Umsetzung des persönlichen Team-Werts dar.

Schauen wir uns an, mit welchen Motto-Zielen Patrick und seinem Team die Rubikon-Überquerung gelingt. Wie lautet jeweils die erste Version des agilen Mindsets? Die formulierte Absicht aus Schritt 1 ist die Basis für das Mindset-Motto-Ziel. Diese wird nun verfeinert. Zunächst werden Ausdrücke wie „Ich möchte …“, „Ich will …“, „Ich beabsichtige …“ ersetzt durch „Ich bin …“, „Ich gebe …“, „Ich habe …“. Mit diesen Formulierungen bezieht sich die Absicht auf die Gegenwart. Damit fühlt sich das Unbewusste angesprochen, denn es kennt nur den Augenblick. Gleichzeitig wird die Absicht in verschiedenen Varianten formuliert. Diese können bei Bedarf mit Lieblingsideen aus dem Ideenkorb ergänzt werden. Im Grunde ist es simpel: Es werden positive Formulierungen zusammengestellt, sodass ein Ideenkorb verschiedener Varianten des Motto-Ziels entsteht. Dieses Motto-Ziel kann sich im Laufe der Zeit immer noch verändern. Zu diesem Zeitpunkt ist es keine finale Version.

Patricks Absicht lautet „Ich will anderen Wachstum ermöglichen. Ich bin stolz, wenn süße Früchte reifen." Mit Unterstützung der anderen im Team stellt er folgenden Ideenkorb mit Motto-Zielen zusammen:

- „Ich ermögliche anderen Wachstum und Stärke."
- „Ich lasse andere wachsen, sodass süße Früchte reifen können."
- „Ich verlasse mich auf meine Erfahrungen und lasse süße Früchte reifen."
- „Ich vertraue auf meine Stärke und lasse köstliche Früchte wachsen."
- „Ich bin für mein Team wie ein Gärtner zu seinen Pflanzen und bin stolz auf die köstlichen Früchte."
- „Ich pflege fürsorglich meinen Garten, sodass süße Früchte reifen können."
- „Stolz pflege ich meinen Garten und lasse köstliche Früchte wachsen."

Patrick entscheidet sich strahlend für seinen Motto-Ziel-Favoriten: „Ich bin für mein Team wie ein Gärtner zu seinen Pflanzen und bin stolz auf die köstlichen Früchte." Motto-Ziele sind stark metaphorisch. Die bildhafte Sprache spricht das Unbewusste an und kann sich zuweilen richtig poetisch anhören.

Fabiennes Absicht lautet: „Ich kann meine feinen Blütenblätter schützen, wenn es notwendig ist. Dann leuchten sie mit natürlichem Charme." Nach einigem Ausprobieren lautet ihre Lieblingsvariante: „Ich schütze meine feinen Blütenblätter und lasse sie in ihrem natürlichen Charme leuchten."

„Elegant wie ein Adler schwebe ich am grenzenlosen Horizont und überblicke alles Wesentliche", liest Sebastian sein Motto-Ziel vor. „Das klingt toll, doch genau das kann ich nicht", sagt er leicht verzweifelt. „Deswegen bin ich ja in dem ZRM-Training: um das zu lernen. Wenn ich es so formuliere, klingt es doch so, als ob ich es bereits könnte". Sebastians Einwand ist nachvollziehbar. Doch erinnern wir uns an den Rubikon-Prozess. Wir befinden uns in der Phase der Intention, in der ein geeignetes Mindset entwickelt wird. Erst in der letzten Phase, der Handlung, geht es um die Umsetzung. Um dorthin zu gelangen, ist ein Mindset-

Patrick

Erste Fassung des agilen Mindset

Ich bin für mein Team wie ein Gärtner zu seinen Pflanzen und bin stolz auf die köstlichen Früchte

Fabienne

Erste Fassung des agilen Mindset

Ich schütze meine feinen Blütenblätter und lasse sie in ihrem natürlichen Charme leuchten

Reinhard

Erste Fassung des agilen Mindset

Ich steuere mein Schiff unbekümmert und mit gesetzten Segeln und verschenke meine volle Aufmerksamkeit

Sebastian

Erste Fassung des agilen Mindset

Elegant wie ein Adler schwebe ich am grenzenlosen Horizont und überblicke alles Wesentliche

Eric

Erste Fassung des agilen Mindset

Ich bin gemütlich wie Balu und vertraue gelassen auf meine Bärenkraft

Abbildung 3-16: Erste Version der Mottoziele

Motto-Ziel notwendig. Dies wird mit Unterstützung des Unbewussten gebildet. Damit das Unbewusste mit an Bord ist, wird aus den Lieblingsideen eine Absicht in der Gegenwartsform gebildet. Auch Eric und Reinhard formulieren eine erste Fassung ihres Mindset-Motto-Ziels. Wie diese für unsere Protagonisten lauten, können Sie aus **Abbildung 3-16** ersehen.

Optimierung des Mindset-Motto-Ziels

Diese erste Fassung des Mindset-Motto-Ziels wird nun weiter bearbeitet. Dafür sind die folgenden drei Kriterien zu beachten (s. **Abb. 3-17**):

Kernkriterien des Motto-Ziels

Das Motto-Ziel muss

1. als Annäherungsziel formuliert sein
2. vollständig unter eigener Kontrolle sein
3. eine positive Affektbilanz aufweisen

Abbildung 3-17: Kernkriterien des Motto-Ziels

1. Annäherungsziel

Ein Annäherungsziel ist eine Zielformulierung, die ein erwünschtes Verhalten beschreibt. Das Gegenteil ist ein Vermeidungsziel. Folgende Beispiele zeigen den Unterschied beider Formulierungsvarianten:

Vermeidungsziel: Ich will mich bei Stress nicht mehr aufregen.
Annäherungsziel: Ich will gelassen bleiben.

Vermeidungsziel: Ich prüfe neue Ideen ohne Vorbehalte.
Annäherungsziel: Ich prüfe interessiert neue Ideen.

Vermeidungsziel: Mich bringt kein Fehlerteufel aus der Fassung.
Annäherungsziel: Ich bin souverän und ausgeglichen.

Obgleich wir Ziele in Worte fassen, brauchen Worte innere Bilder, um verständlich zu sein. Durch diese Bilder kann das Gehirn Assoziationen dazu sammeln und ihnen eine Bedeutung geben. Für Verneinungen wie „nicht", „ohne", „kein" können keine Bilder erzeugt werden. Versuchen Sie einmal, nicht an einen rosaroten Elefanten zu denken. Schaffen Sie das? Wahrscheinlich blitzt er vor Ihrem inneren Auge kurz auf. Danach können Sie ihn wegschieben oder ihm eine blaue Farbe geben. Das ist anstrengend für das Gehirn und erfordert Zeit. Genau dasselbe läuft bei einem Vermeidungsziel ab. Wer sich nicht mehr aufregen möchte, regt sein Gehirn zu Assoziationen zum Thema „Aufregung" an. Dieser Begriff ist mit negativen Emotionen verknüpft und liefert innere Bilder, die die gewünschte neue Haltung nicht unterstützen. Das Motto-Ziel darf nur Worte enthalten, die man für seine neue Haltung haben möchte. Wenn man mit einem Annäherungsziel arbeitet, schickt das Unbewusste rasend schnell das passende Bild und die dazugehörenden guten Gefühle.

Sebastians aktuelles Motto-Ziel lautet: „Elegant wie ein Adler schwebe ich am grenzenlosen Horizont und überblicke alles Wesentliche." Bei diesem Satz ist das erste Kernkriterium nicht erfüllt. Das Wort „grenzenlos“ ist eine Vermeidungsformulierung. Sebastian erhält von den anderen im Team folgenden Ideenkorb: frei, offen, weit, mächtig, eindrucksvoll, ewig, leicht, fantastisch. Sebastian ist angesichts dieser vielen Ideen begeistert. „Wow, diese vielen Begriffe wären mir alleine nie eingefallen“, staunt er. „Ich entscheide mich für den weiten Horizont. Das hat für mich etwas mit Weitblick zu tun, also dem Gegenteil zur Fokussierung auf einige wenige Details.“ Sebastian ändert sein Motto-Ziel in: „Elegant wie ein Adler schwebe ich am weiten Horizont und überblicke alles Wesentliche.“

Auch Reinhard muss die aktuelle Fassung seines Motto-Ziels korrigieren. Sie lautet momentan: „Ich steuere mein Schiff unbekümmert und mit gesetzten Segeln und verschenke meine volle Aufmerksamkeit.“ Dazu sagt er: „Unbekümmert – das ist ein Vermeidungswort, nicht wahr? In diesem Wort ist Kummer enthalten und das ist definitiv nichts, was ich will.“ Wie Sebastian erhält Reinhard ebenso einen reich gefüllten Ideenkorb: frei, froh, erleichtert, munter, lustig, freudig, vergnügt, einfach. Mit diesen Ideen fällt es Reinhard leicht, sein neues Motto-Ziel zu formulieren: „Vergnügt steuere ich mein Schiff mit gesetzten Segeln und verschenke ich meine volle Aufmerksamkeit.“

2. Das Motto-Ziel muss vollständig unter der eigenen Kontrolle sein

Das zweite Kriterium besagt, dass die Zielerreichung ausschließlich durch die betreffende Person bewerkstelligt werden muss. Das Ziel kann also nicht davon abhängig sein, dass irgendetwas oder irgendjemand anderes sich ändert oder zuerst ändert. Das ist wichtig, weil dadurch ein gesunder Mittelweg zwischen maßloser Selbstüberschätzung und lähmender Ohnmacht gewährleistet ist. Dieses Selbstwirksamkeitserleben ermöglicht die Erfahrung, dass man sehr wohl etwas verändern kann. Zugleich schützt es davor, Verantwortung für etwas zu übernehmen, das nicht in der eigenen Macht seht. Hier sind zwei typische Beispiele dafür:

Kontrollerleben fraglich: Ich sorge für Harmonie in meinem Team.
Kontrollerleben gesichert: Ich versprühe Gute-Laune-Perlen.

Es ist nicht unter eigener Kontrolle, dass in einem Team Harmonie herrscht. Was ist, wenn es sich gerade in einer hektischen Phase vor der

Softwareauslieferung befindet? Vielleicht hat das Management gerade bekannt gegeben, dass das Weihnachtsgeld um die Hälfte gekürzt wird? Oder eine Entlassungswelle bevorsteht? Es gibt viele Gründe, die ein harmonisches, friedliches Miteinander im Team verhindern können. Aus Sicht des Selbstmanagements ist es jedoch sehr gut möglich, dass man gute Laune versprüht. Ob sich daraus tatsächlich eine angenehme Atmosphäre im Team entwickelt, wird sich im Verlauf der Zeit zeigen.

Kontrollerleben fraglich: Durch mein wertschätzendes Feedback verbessern sich alle.
Kontrollerleben gesichert: Ich biete attraktive und inspirierende Rückmeldungen an.

Ob sich jemand tatsächlich verbessert, liegt nicht in der Kontrolle des Feedbackgebers. Das Kontrollerleben ist dagegen gesichert, wenn man sich auf eine inspirierende Rückmeldung konzentriert und diese anbietet. Ob ein anderer sie tatsächlich in Anspruch nimmt und was er damit macht, bleibt offen. Dem anderen steht es frei, davon zu profitieren.

Kontrolle im Sinne des Selbstmanagements bezieht sich immer auf die Kontrolle im Bezug auf das eigene Handeln. Das Motto-Ziel muss erlauben, dass es unabhängig von anderen aktiviert werden und dessen Besitzerin bzw. Besitzer selbstständig aus dieser neuen Haltung heraus handeln kann.

Patricks aktuelle Formulierung lautet: „Ich bin für mein Team wie ein Gärtner zu seinen Pflanzen und bin stolz auf köstliche Früchte." Mit den köstlichen Früchten verbindet Patrick den Erfolg seines Teams. Diese Aussicht macht ihm sichtlich Freude. Doch wie sieht es bei dieser Formulierung mit seinem Kontrollerleben aus? Kann er den Erfolg seines Teams maßgeblich beeinflussen? Was ist, wenn der Erfolg ausbleibt? Ein weiterer Aspekt, den Patrick bedenken sollte, ist der Stolz. „Ich habe mir überlegt, dass wir die Erfolge gemeinsam feiern und stolz darauf sind", erklärt Patrick. Doch wie reagiert er, wenn die Dinge aus dem Ruder zu laufen drohen? Gelingt es Patrick dann immer noch, darauf zu vertrauen, dass sein Team eigenverantwortlich handelt und alles managen kann? Aufgrund dieser Überlegungen formuliert Patrick sein Motto-Ziel mit Unterstützung der anderen um. Nun lautet es: „Ich bin stolz wie ein Gärtner auf seine Pflanzen und lasse köstliche Früchte reifen."

Patrick

Mein agiles Mindset

Ich bin stolz wie ein Gärtner auf seine Pflanzen und lasse köstliche Früchte reifen

Abbildung 3-18: Motto-Ziel mit Kernkriterien von Patrick

Patrick freut sich: „So stimmt es für mich. Ein Gärtner ist immer stolz auf seinen Garten und seine Pflanzen. Beides ist jederzeit für ihn wertvoll, selbst im Winter, wenn alles karg und dürr aussieht. Er hegt und pflegt seine Pflanzen, doch letztlich wachsen sie von selbst. Mir gefällt dieses Bild. Es beschreibt die Haltung, die ich mir für den Umgang mit meinem Team wünsche.“ (s. **Abb. 3-18**)

3. Positive Affektbilanz

Abschließend wird das Mindset-Motto-Ziel nochmals mit der Affektbilanz überprüft. Diese sollte den Wert von 0 auf der negativen und mindestens 70 auf der positiven Skala aufweisen. Ist dies nicht Fall, können drei verschiedene Konstellationen auftreten.

In der ersten Konstellation wird auf der positiven Skala ein Wert von mindestens 70 erreicht. Auf der negativen Skala zeigt sich jedoch ein leichter Ausschlag. Das ist beispielsweise bei Sebastian der Fall. Sein Motto-Ziel lautet in der aktuellen Fassung: „Elegant wie ein Adler schwebe ich am weiten Horizont und überblicke alles Wesentliche.“ Sebastian gefällt sein Motto-Ziel bereits ziemlich gut. Auf der positiven Skala liegt der Wert bei 75. Doch auf der negativen Skala zeigt sich ein Wert von 15. „Ich weiß, was mich an meinem Motto-Ziel stört“, sagt Sebastian nach einem Moment des Nachdenkens. „Es ist das ‚überblicke alles Wesentliche‘. Ich würde das zwar gerne können, doch wie soll mir das gelingen? Wie soll ich von vornherein wissen, was alles wesentlich ist? Das bereitet mir Unbehagen. Ich würde es gerne anders formulieren.“ Das ist kein Problem. Sebastian bekommt einen Ideenkorb mit möglichen Alternativen: Überblick gewinnen, Adlerblick, Vogelperspektive, Sicht, in die Weite schauen, die Dinge überblicken. Sebastian entscheidet sich sofort für den Adlerblick. „In ‚Adlerblick‘ ist der Überblick auf das Wesentliche

Abbildung 3-19: Motto-Ziel mit Kernkriterien von Sebastian

enthalten. Und es klingt super! Ich weiß ganz genau, was ich damit meine“, meint Sebastian. Sein neues Motto-Ziel lautet folgendermaßen: „Elegant wie ein Adler schwebe ich am weiten Horizont und nutze meinen Adlerblick.“ (s. **Abb. 3-19**)

Eine andere Konstellation ist gegeben, wenn es zwar auf der negativen Skala keinen Ausschlag gibt, auf der positiven Skala die 70 jedoch nicht erreicht wird. So ergeht es Reinhard. Sein Motto-Ziel lautet: „Vergnügt steuere ich mein Schiff mit gesetzten Segeln und verschenke ich meine volle Aufmerksamkeit.“ Auf der positiven Skala erreicht er nur 55. „Vergnügt finde ich super. Das gefällt mir. Doch ich stolpere noch über den Begriff der vollen Aufmerksamkeit“, überlegt er stirnrunzelnd. “Das heißt doch, dass ich für alles und jeden immer Zeit habe. Das ist doch genau das, was ich nicht mehr möchte. Das überfordert mich. Wie könnte ich das nur besser formulieren?“ Reinhard erhält einen Ideenkorb mit alternativen Formulierungen. Seine Lieblingsidee sticht ihm sofort ins Auge. „Aufmerksamkeitsspritzer, das klingt gut“, strahlt er. Reinhards Motto-Ziel lautet nun: „Vergnügt steuere ich mein Schiff mit gesetzten Segeln und verschenke Aufmerksamkeitsspritzer.“ Damit liegt er auf der positiven Skala der Affektbilanz bei 85 (s. **Abb. 3-20**).

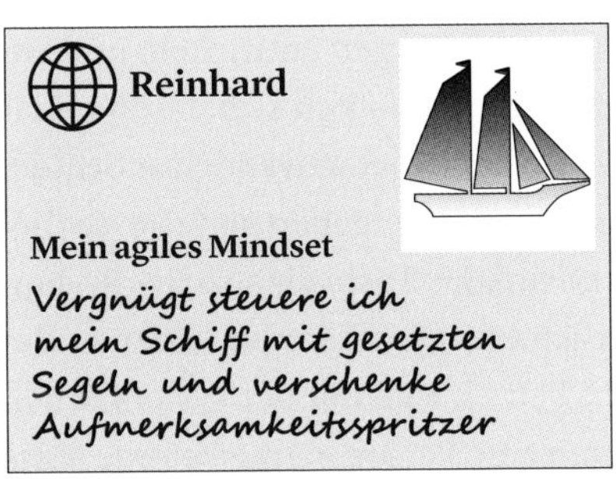

Abbildung 3-20: Motto-Ziel mit Kernkriterien von Reinhard

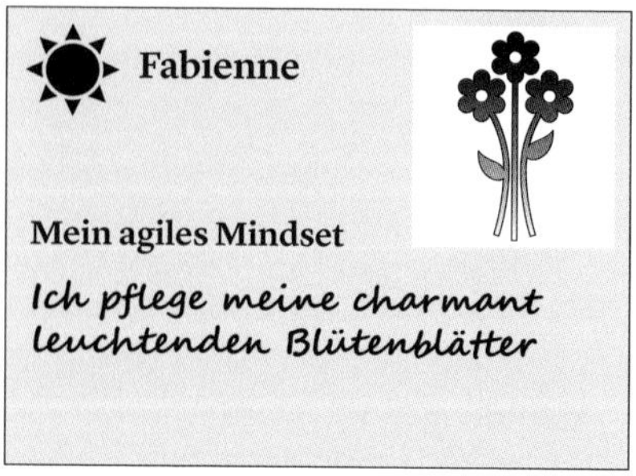

Abbildung 3-21: Motto-Ziel mit Kernkriterien von Fabienne

In der dritten Konstellation geht es um den Feinschliff in der Formulierung des Mindset-Motto-Ziels. Es entspricht bereits den Kriterien der Affektbilanz, doch die Formulierung ist vielleicht etwas lang oder sie klingt sperrig. Das gilt für Fabiennes Motto-Ziel. Sie bewertet es mit 85 auf der positiven und 0 auf der negativen Skala. Trotzdem wünscht sie sich eine prägnantere Formulierung. Dank einem reichlich gefüllten Ideenkorb und nach einiger Überlegung wird aus „Ich schütze meine feinen Blütenblätter und lasse sie in ihrem natürlichen Charme leuchten" ihr neues Mindset-Motto-Ziel „Ich pflege meine charmant leuchtenden Blütenblätter" (s. **Abb. 3-21**).

Systemische Optimierung

Im Rahmen der systemischen Optimierung können die systemischen Konsequenzen des Mindset-Motto-Ziels überprüft werden. Wie verträgt sich die neue Haltung, die durch das Mindset repräsentiert wird, mit den anderen Teammitgliedern? Wie wirkt sie sich auf die Zusammenarbeit aus? Das kann natürlich niemand mit Sicherheit vorhersagen. Deswegen geht es in erster Linie darum, dass alle Teilnehmenden innere Vorstellungsbilder von den wahrscheinlichen Auswirkungen entwickeln und anhand von somatischen Markern überprüfen. Sie sollten sich darüber klar werden, in welchen Situationen sie das Motto-Ziel anwenden möchten, welche Folgen sich daraus aller Voraussicht nach ergeben und wie sie diese bewerten. Mit diesen Überlegungen wird das Team als soziales System aller Teilnehmenden explizit berücksichtigt. Dies kann zu einer Änderung des Mindset-Motto-Ziels führen. Letztlich ist mit der systemischen Optimierung die Frage verknüpft, woran eine Person merken würde, dass

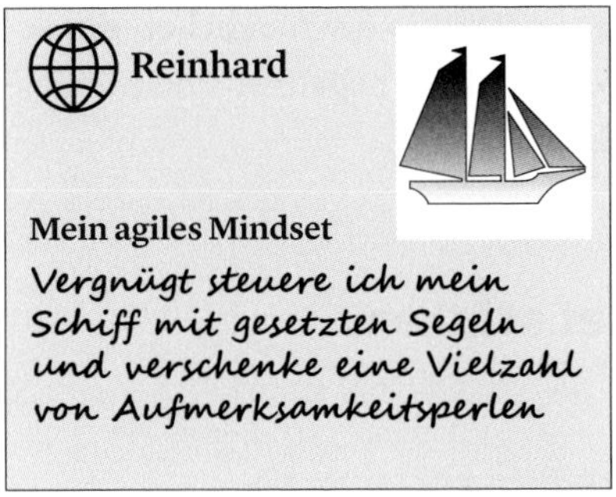

Abbildung 3-22: Motto-Ziel Reinhard – systemisch optimiert

sie die gewünschte Haltung verinnerlicht hat. Das schließt mit ein, dass die zu erwartenden Gewinne bewusst werden, genauso wie der Preis, mit dem sie erkauft werden. Diese Überlegungen können in einer Überarbeitung des Mindset-Motto-Ziels resultieren.

„Ich glaube, dass ich mein Mindset-Motto nochmals überarbeiten sollte“, sagt Reinhard etwas verunsichert. „Ich war so begeistert von dem Ausdruck ‚Ich verschenke Aufmerksamkeitsspritzer‘ anstelle von ‚Ich verschenke meine volle Aufmerksamkeit‘. Doch nun habe ich Zweifel. Spritzer bedeutet doch eine kleine Menge von etwas. Das ist mir zu wenig. Was mache ich denn in Fällen, in denen jemand viel Hilfe braucht? In diesen Fällen würde ich eine Person vor den Kopf stoßen, wenn ich bei meinem neuen Mindset bleibe, so wie es jetzt formuliert ist.“ Ratsuchend blickt Reinhard in die Runde. Mit der aktuellen Formulierung von Reinhards Mindset-Motto-Ziel könnte es sein, dass die Zusammenarbeit im Team leidet, wenn Reinhard sein Team lediglich in geringem Maße unterstützt. Vielleicht wird die Teamarbeit sogar unmöglich, wenn er der einzige Know-how-Träger ist, dieses Wissen jedoch nicht umfassend zur Verfügung stellt. Mit der tatkräftigen Unterstützung der anderen gelingt es Reinhard, eine neue Formulierung für sein Mindset-Motto-Ziel zu finden. Es lautet: „Vergnügt steuere ich mein Schiff mit gesetzten Segeln und verschenke eine Vielzahl von Aufmerksamkeitsperlen.“ (s. **Abb. 3-22**)

Reinhard ist sehr zufrieden mit dieser Formulierung. „So klingt es richtig“, sagt er sichtlich erleichtert. „Das gibt mir Spielraum und ich kann meine Kollegen in dem Maß unterstützen, wie es in der Situation sinnvoll ist.“

Ein Motto-Ziel wird so lange umgearbeitet, bis keinerlei bewussten Bedenken oder negativen somatischen Marker mehr damit verbunden sind. Es ist dann in Ordnung, wenn es angesichts der möglichen Konsequenzen eine optimale Affektbilanz von 0 auf der negativen und mindestens 70 auf der positiven Skala aufweist.

3.6. Schritt 3: Agiles Mindset stärken

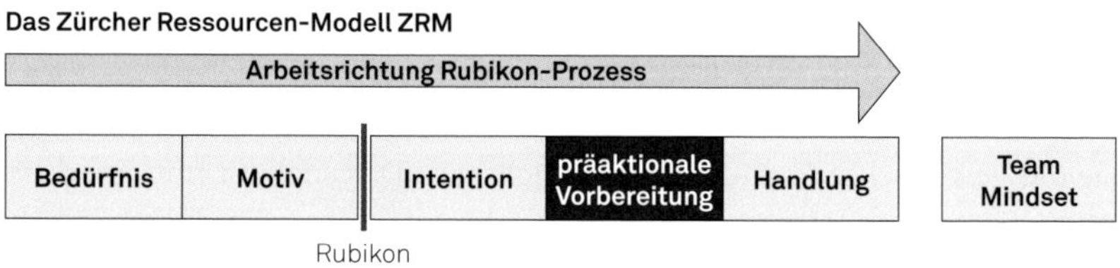

Abbildung 3-23: ZRM Ablauf – Präaktionale Vorbereitung

Nun ist die Phase der Intention im Rubikon-Prozess abgeschlossen. Oft stellen sich bereits jetzt leichte Veränderungen im Verhalten ein. Beispielsweise ist es gelungen, einen ganzen Vormittag lang konzentriert an einem Thema zu arbeiten, mit einem Mindmap eine grobe Übersicht zu erstellen oder trotz Stress eine erholsame Mittagspause zu verbringen. Dies sind kleine, scheinbar einfache Dinge. Doch für das Gehirn ist es eine große Leistung, bereits nach so kurzer Zeit ein neues Verhalten zu zeigen. Wenn sich noch keine Veränderung bemerkbar gemacht hat, ist das ebenfalls in Ordnung. Denn bevor wir in die Phase der Handlung gelangen, kommt die Phase der präaktionalen Vorbereitung. Hier geht es um die Stärkung des neuen Mindset-Motto-Ziels durch Priming (s. **Abb. 3-23**).

Der persönliche Wert ist gewählt, das Unbewusste hat ein Bild dazu ausgesucht und der Verstand hat bei der Formulierung des passenden Mindset-Motto-Ziels mitgeholfen. Es drückt die gewünschte Haltung aus. Nun kann es also mit der Umsetzung der Werte losgehen. Da das Unbewusste mit dem gewählten Wert einverstanden ist, macht es völlig automatisch auf passende Gelegenheiten für die Umsetzung des neuen Mindset-Motto-Ziels aufmerksam. Zudem liefert es Ideen und Vorschläge für neue Verhaltensweisen.

Dennoch besteht die Gefahr, dass alte, gut etablierte Automatismen stärker sind und man sich entsprechend alten Gewohnheiten verhält. Damit dies nicht passiert und sich neue Verhaltensweisen tatsächlich gegenüber den bestehenden Automatismen durchsetzen, müssen sie gestärkt werden. Wie das funktioniert, ist Inhalt dieses Kapitels.

Um diesen Sachverhalt zu verstehen, machen wir nochmals einen kurzen Ausflug in das menschliche Gehirn. Seine Fähigkeit zu lernen verdankt es einer Eigenschaft, die als neuronale Plastizität bezeichnet wird. Das Gehirn ist plastisch, also veränderbar. Es behält diese Fähigkeit über das ganze Leben hinweg. Alles, was das Gehirn jemals gelernt hat, ist gespeichert. Sie können sich das wie ein riesiges Netzwerk von Verbindungen zwischen Nervenzellen vorstellen. Am Ende jeder Nervenfaser befinden sich Synapsen, die sich verbinden können. Auf diese Weise können sich mehrere Nervenfasern zu einem neuen Netz zusammenschließen.

Wenn das Gehirn etwas Neues lernt, legt es ein ganzes Netzwerk zu diesem Thema an. Das ist ein sogenanntes neuronales Netz. Das folgende Beispiel soll illustrieren, wie Sie sich das vorstellen können. Was fällt Ihnen ein, wenn Sie an Paris denken? Welche inneren Bilder sehen sie? Welche Gerüche nehmen Sie wahr? Was gibt es zu trinken und zu essen? Wie fühlen Sie sich? Sämtliche Erinnerungen sind in Ihrem neuronalen Parisnetz gespeichert.

Wie Sie in **Abbildung 3-24** sehen können, sind neuronale Netze sehr individuell. Wahrscheinlich sind Ihnen noch völlig andere Begriffe zu Pa-

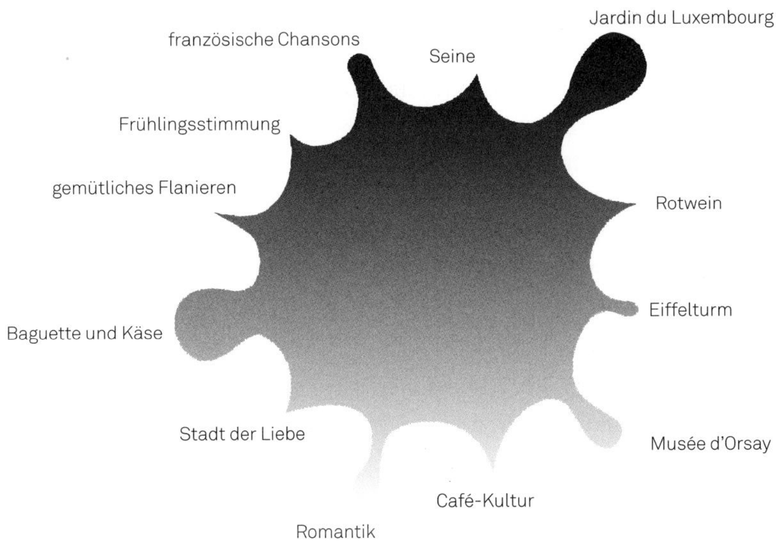

Abbildung 3-24: Neuronales Netz Paris

ris eingefallen. Der Grund dafür ist einmal mehr das Unbewusste. Es liefert Assoziationen zu Paris aufgrund der persönlichen Erfahrungen, die Sie mit Paris gemacht haben.

Je häufiger ein neuronales Netz benutzt wird, desto stärker wird es. Zunächst ist es wie ein Trampelpfad. Mit häufiger Benutzung wird dieser zum Feldweg, zur asphaltierten Landstraße und schließlich zur Autobahn. Dann steht das neuronale Netz bei Bedarf zuverlässig und stabil zur Verfügung. Dabei ist aus Sicht des Gehirns egal, was es lernt: Skifahren, Gitarre spielen oder Spanisch sprechen. Das Prinzip ist immer gleich: Je häufiger ein neuronales Netz genutzt wird, desto stärker und sicherer wird es. Werden Verbindungen nicht genutzt, werden sie schwächer oder sogar ganz abgebaut.

Das neue Mindset-Motto-Ziel wird nun bereits durch ein neues neuronales Netz repräsentiert. Damit ist ein erster, wichtiger Schritt gemacht. Nun muss das neue Mindset-Netz noch gestärkt und trainiert werden. Die neuen Verbindungen müssen möglichst oft aktiviert werden. Das stärkt das neue Netz, sodass es zuverlässig funktioniert und alte Automatismen ablösen kann.

Das neue Mindset-Netz kann man auf verschiedene Weise stärken. Man kann üben, üben und nochmals üben. Genauso, wie man es beim Skifahren oder Gitarre spielen tut. Eine Möglichkeit wäre also, den Mindset-Motto-Satz ständig zu wiederholen und das gewählte Bild anzuschauen. Der Nachteil bei dieser Vorgehensweise ist, dass im Alltag wenig Zeit zum Üben zur Verfügung steht. Deshalb nutzt ZRM eine elegantere und bequemere Möglichkeit: das unbewusste Lernen, das Priming. Beim Priming erhält das Gehirn einen Reiz unterhalb der Bewusstseinsschwelle. Dadurch werden existierende Gedächtnisinhalte gebahnt und verstärkt. So lernt das Gehirn. Das funktioniert gut, wie bereits durch viele Studien nachgewiesen werden konnte. Um die Wirkung von Priming zu veranschaulichen, möchte ich Ihnen zwei verblüffende Priming-Studien beschreiben.

Lammers, Dubois, Rucker und Galinsky (2013) führten mit 55 Studierenden ein 15-minütiges Probeinterview durch. Zweck des Interviews war die Zulassung zu einer Business-School. Die Studierenden mussten durch ihre Fähigkeiten und Motivation überzeugen sowie ihre bisherigen Erfahrungen im Bezug auf ein erfolgreiches Studium darlegen. Vor dem Interview wurde ihnen gesagt, dass man eine Handschriftenprobe benötigen würde. Doch das war nur ein Vorwand, der den Studierenden plausibel machen sollte, warum sie eine Geschichte niederschreiben sollten. Die Hälfte der Versuchspersonen sollte eine Situation beschreiben, in der sie sich kraftvoll gefühlt hatten. Die andere Hälfte sollte eine Begebenheit schildern, in der sie sich kraftlos gefühlt hatten. Der Gedanke dabei war, dass die Studierenden durch das Niederschreiben dieser Geschichte entweder auf Kraft oder auf Kraftlosigkeit geprimt wurden. Danach wurden die Interviews durchgeführt. Die Interviewenden wussten nicht, zu welcher Gruppe die Versuchsperson gehörte, die sie gerade befragten. Nach dem Gespräch sollten die Interviewenden entscheiden, ob sie die oder den eben Befragten zur Business-School zulassen würden oder nicht. Mit diesem Experiment wollten Lammers et al. herausfinden, ob das Priming Auswirkungen auf die Selbstdarstellung der Studierenden hatte. Das Ergebnis fiel überzeugend aus: Studierende, die auf Kraft geprimt waren, erhielten zu 68,4 % eine Zulassung zu der Business-School. Bei den auf Kraftlosigkeit geprimten waren es nur 26,3 %.

Ein anderes Beispiel zeigt sehr schön, dass auch Gegenstände als Primes genutzt werden können. Rutchick, Slepian und Ferri (2010) konnten zeigen, dass Lehrkräfte mehr Fehler fanden und schlechtere Noten vergaben, wenn sie die Korrektur mit einem Rotstift vornahmen. Verwendeten sie dagegen einen blauen Stift, fanden sie weniger Fehler. Wie lässt sich dies erklären? Ein roter Stift aktiviert den Gedächtnisinhalt, der mit Fehlern, schlechter Leistung und strenger Bewertung assoziiert ist. Das bewirkt entsprechende Aufmerksamkeitsfokussierung und strengere Benotung.

Diese Experimente zeigen, dass durch Priming im Gehirn entsprechende neuronale Netze aktiviert werden können. Die Aktivierung beeinflusst die Art und Weise, wie Menschen im Anschluss daran handeln. Das ZRM macht sich diesen Umstand zunutze. Es wird ein neuronales Mindset-Motto-Ziel aufgebaut. Ist das neuronale Netz erst einmal angelegt, lässt es sich unbewusst aktivieren und dadurch ein Verhalten im Sinne des Mindset-Motto-Ziels veranlassen. Priming ist im Übrigen deswegen so gut erforscht, weil es von der Werbebranche intensiv genutzt wird. Sei es durch die Einkaufstasche des Supermarktes, das Mousepad der eigenen Firma oder das Werbeplakat vom Autohaus. Was ich Ihnen damit auf den Weg geben möchte, ist Folgendes: Es ist nicht möglich, nicht geprimt zu werden. Wir alle werden fortwährend durch unsere Umwelt geprimt!

Das Priming im Dienste des Mindset-Motto-Ziels geschieht durch Gegenstände, Musik und Gerüche, die man sich eigens für diesen Zweck beschafft. Man muss sie nur einmal installieren. Fortan laufen die Lernprozesse unbewusst ab und es bedarf dafür keiner bewussten Aufmerksamkeit mehr.

„Das klingt gut“, sagt Patrick erfreut. „Ich habe so viel zu tun und echt keine Zeit, um immer wieder an mein Obstbaumbild zu denken und meinen Motto-Satz vor mich her zu sagen. Deshalb passt mir das Priming sehr gut.“ Je häufiger Patrick an seinen Mindset-Motto-Ziel-Satz erinnert wird, desto öfter wird sein Mindset-Motto-Netz aktiviert. Es wird schneller aufgebaut und verstärkt. Dieser unbewusste Lernprozess ist bequem und leicht. Notwendig sind lediglich Gegenstände und Erinnerungshilfen, die zum Bild und dem Mindset-Motto-Ziel passen. Sie sind Ressourcen, um das neuronale Mindset-Netz zu aktivieren.

Patrick definiert sein Bild des Obstbaums als Hintergrundbild auf seinem Handy. Außerdem kauft er sich einen Duftbaum für das Auto, einen edlen dunkelgrünen Füllfederhalter und ein fruchtig duftendes Aftershave. „Das Aftershave hat einen tollen Duft. Es erinnert mich an den typischen Geruch des Spätsommers, wenn auf den Obstbäumen die Früchte reif sind“, erzählt Patrick vergnügt. „Und außerdem habe ich mir noch kleine Holzblätter in den typischen Herbstfarben gekauft. Sie sind eigentlich für das Dekorieren der Wohnung gedacht. Doch ich kann sie gut als Erinnerungshilfen benutzen. Als ich mir diese Dinge gekauft habe, bin ich an einer Bäckerei vorbeigekommen. Im Schaufenster dieser Bäckerei stand ein Baumkuchen. Das ist das erste Mal, dass mir dieser Kuchen aufgefallen ist. Ich wusste bisher gar nicht, dass es so einen Kuchen gibt. Ich hab’ mich sofort entschlossen, dass ich mir ab jetzt regelmäßig ein Stück Baumkuchen gönnen werde. Das ist wirklich eine ausgesprochen angenehme Art, etwas zu lernen!“

Auch Fabienne hat sich Erinnerungshilfen überlegt. Das Rosenbild ziert bereits ihren Bildschirmhintergrund und auf ihrem Schreibtisch steht ein kleiner Rosenstock. Er hat viele kleine, filigrane Blüten, die rosa leuchten. „Ich habe mir außerdem rosa Glasmurmeln, einen Ring mit Rosenblüte und eine Tasse mit einem wunderschönen Rosenmotiv gekauft. Die Tasse verwende ich ab jetzt im Büro. Das hat zudem den Vorteil, dass ich sie sofort erkenne und nicht mehr mit anderen Tassen verwechseln kann. Außerdem habe ich einen Tee mit Wildrosenaroma gefunden. Bereits der Duft erinnert mich an ruhige Sonntagnachmittage, an denen ich gemütlich auf dem Sofa sitze und ganz entspannt eine schöne Tasse Tee trinke", erzählt Fabienne mit strahlenden Augen. „Überdies habe ich mir noch eine schicke Handtasche gekauft. Sie hat ein zartrosa Innenfutter, in das Rosenblüten eingestickt sind. Diese Tasche war nicht billig. Ich habe wirklich mit mir gerungen, ob ich sie mir leisten soll", sagt Fabienne. „Ich habe mich gefragt, ob ich all diese Dinge wirklich brauche, um mich an mein Mindset-Motto-Ziel zu erinnern. Ich meine, ich kenne es doch. Ich kann mich jederzeit daran erinnern, wenn ich es brauche", sagt Fabienne fragend.

Wer sein Mindset-Motto-Ziel möglichst schnell und zuverlässig stärken will, sollte unbedingt das Priming nutzen. Natürlich kann man jederzeit an das Motto-Ziel denken. Doch Priming bedeutet eine andauernde Aktivierung des neuronalen Mindset-Netzes. Ohne Priming geschieht das niemals so häufig. Um es nochmals zu betonen: Es ist nicht möglich, nicht geprimt zu werden. Alle werden im Alltag andauernd durch unzählige Gegenstände geprimt, sodass laufend unterschiedliche neuronale Verbindungen aktiviert werden. Wer diesen Umstand kennt, kann ihn zu seinem eigenen Vorteil nutzen. Indem man seine Umgebung mit ausgewählten Gegenständen ausstattet, kann man gezielt das gewünschte Netz stärken.

Das leuchtet Fabienne ein. „Eigentlich ist das sehr praktisch. Wenn ich mir ab und zu etwas Schönes leiste, kann ich es zusätzlich als Erinnerungshilfe verwenden. Ich habe gleich doppelten Nutzen davon. Ich freue mich darüber und stärke gleichzeitig mein neues Mindset-Motto-Ziel", entscheidet sie. „Je stärker es wird, desto besser gelingt es mir, ruhig, gelassen und damit freundlich zu bleiben. Wie lange sollte ich mich eigentlich auf diese Weise primen?"

In der Regel sollte man so lange primen, bis das neue Netz genügend ausgebildet ist, dass es zuverlässig funktioniert. Das dauert in der Regel ungefähr sechs Monate. Doch es spricht nichts dagegen, sich länger zu primen. Manche Menschen entwickeln einen so positiven Bezug zu ihren Erinnerungshilfen, dass sie mit dem Priming einfach weitermachen.

Eric hat sich das Lied „Probier's mal mit Gemütlichkeit" aus dem Dschungelbuch als Klingelton auf dem Handy installiert. „Mir gefällt mein ZRM-Bild sehr gut – es ist der Bär, der gemütlich auf dem Baumstamm liegt. Außerdem mag ich ein Bild aus dem Dschungelbuch, das ich im Internet gefunden habe. Es zeigt Balu, wie er mit Mogli tanzt", sagt Eric ein wenig unentschlossen. „Doch wie kann ich diese Bilder verwenden? Auf meinem Bürocomputer als Hintergrundbild definieren? Ein Bär, der gemütlich auf einem Baumstamm liegt? Oder ein tanzender Balu? Das geht doch nicht!“

Keine Sorge. Niemand soll Erinnerungshilfen in einer Weise verwenden, die er peinlich findet. Es ist nicht notwendig, dass Eric diese Bilder für alle sichtbar auf seinem Monitor anzeigen lässt. Oder gar mit einem Plüsch-Balu herumläuft. Alle suchen sich das aus, was ihnen gefällt und womit sie sich wohlfühlen. Erinnerungshilfen müssen nicht exakt aus dem Motto-Ziel abgeleitet werden. Eric muss also nicht nur Balu-Gegenstände verwenden. Wichtig ist lediglich, dass die Gegenstände in irgendeiner Weise an das Mindset-Motto-Ziel erinnern. Von seinem Team erhält Eric folgenden Ideenkorb für weniger auffällige Erinnerungshilfen: Armband aus kräftigem dunkelbraunem Leder, kleines Balu-Bild für den Geldbeutel, Toblerone mit dem Matterhorn-Bären-Logo, Ledergürtel mit einer Bärenschnalle, Tüte mit Gummibärchen, schön marmorierte Thermoskanne aus Holz, kleiner Bärenschlüsselanhänger. Eric begeistert sich besonders für die Idee, sich einen Bildband über den Lebensraum der Bären anzuschaffen. Er kann ihn gut sichtbar daheim in seinem Bücherregal aufstellen. So wird er auch am Feierabend und am Wochenende auf sein neues Mindset-Motto-Ziel geprimt. Und wenn Eric Lust und Muse hat, kann er ein wenig in diesem Buch schmökern. „Es ist bestimmt spannend, mehr über diese Tiere zu erfahren“, freut er sich. „Vielleicht können sie tatsächlich etwas, was mir zuweilen noch nicht so gut gelingt. Außerdem kann ich mich dabei gleichzeitig zu neuen Reisezielen inspirieren lassen. Schließlich gehe ich in zwei Jahren in Rente und habe danach viel Zeit für Neues“, sagt er augenzwinkernd.

Vielleicht ist Ihnen aufgefallen, dass es zwei Arten von Erinnerungshilfen gibt. Patricks edler dunkelgrüner Füllfederhalter und Erics Bärenschlüsselanhänger sind mobile Primes. Diese mobilen Erinnerungshilfen kann man immer bei sich tragen und überallhin mitnehmen. Fabiennes Rosenstock oder Erics Bildband haben ihren festen Platz. Sie sind stationäre Erinnerungshilfen. Beide Formen sind für das unbewusste Lernen sehr wichtig. Stationäre Erinnerungshilfen stellen die fortwährende Aktivierung des Motto-Ziels sicher. Mobile Primes hingegen lassen sich hervorragend dazu nutzen, das Motto-Ziel in anderen Umgebungen aufrechtzuerhalten.

Die mobilen Erinnerungshilfen sind für Reinhard sehr wichtig. Schließlich besteht für ihn auch in seiner Freizeit immer die Gefahr, sich zu verzetteln und sich zu viel aufzuladen. Mobile Erinnerungshilfen kann er nicht nur im Büro, sondern auch daheim nutzen. Reinhard ist sehr kreativ und ihm ist bereits einiges eingefallen: „Ein Ring, dessen Form an ein Steuerrad erinnert, eine Sporttasche aus Segeltuchstoff, Fisherman's-Friend-Bonbons, ein Segelschiffmaskottchen und Duschgel mit herb-frischem Duft", zählt Reinhard vergnügt auf. „Ich habe da noch eine Frage zu den Erinnerungshilfen. Und zwar habe ich daheim ein T-Shirt im Matrosenlook", fährt Reinhard fort. „Das eignet sich doch ebenfalls als Erinnerungshilfe, nicht wahr?" Nein, dieses T-Shirt kann Reinhard nicht zum Priming verwenden. Denn es ist kein neuer Gegenstand, weil er es bereits eine Weile besitzt. Er kann sich entweder ein anderes T-Shirt im Matrosenlook kaufen oder an dem alten T-Shirt etwas ändern, beispielsweise einen Sticker daran befestigen.

Warum kann Reinhard das bereits vorhandene T-Shirt nicht verwenden? Warum ist es wichtig, dass Erinnerungshilfen stets neue Gegenstände sein sollten? Der Grund liegt darin, dass das Gehirn Dinge nicht wahrnimmt, die immer da sind oder die immer wieder auftauchen. Wenn es alles wahrnehmen würde, wären das viel zu viele Informationen, die es verarbeiten müsste. Es käme zu einem regelrechten „information overflow". Deshalb ist es wesentlich, dass das Gehirn auf den Priming-Gegenstand aufmerksam wird. Das gewünschte neuronale Netz wird aktiviert. Selbst wenn nur die Aufmerksamkeit des Unbewussten erregt wird, reicht dies aus, um das Mindset-Motto-Ziel zu aktivieren. Dieser Mechanismus aber funktioniert nur, wenn es sich um neue Gegenstände handelt oder an bestehenden etwas verändert wird.

„Okay, das verstehe ich", sagt Reinhard. „Ich kaufe mir bei Gelegenheit ein neues T-Shirt im Matrosenlook. Doch für den Moment habe ich erst einmal genügend Erinnerungshilfen, oder?" Reinhard hat momentan noch keine stationären Erinnerungshilfen. Damit sein neuronales Netz möglichst schnell stark und stabil wird, sollte er ebenfalls stationäre Erinnerungshilfen verwenden. Nur durch möglichst häufige unbewusste Aktivierung kann Reinhard sein Mindset-Motto-Ziel lernen und abrufen, wenn er es möchte. Er erhält von seinem Team folgenden Ideenkorb mit stationären Erinnerungshilfen: gerahmtes Segelschiffbild für den Schreibtisch, blau-weiß gestreifte Kaffeetasse, Handtücher im maritimen Look,

Motto-Ziel-Bild als Bildschirmschoner und ein farbenfrohes Brillenetui. „Außerdem habe ich mir in einem Spielwarengeschäft kleine bunte Bausteine aus Holz besorgt. Mir haben sie so gut gefallen, weil sie mich an die bunten Bojen erinnern, die man in Häfen sehen kann", ergänzt Reinhard den Ideenkorb erfreut.

Auch für Sebastian kommt ein reich gefüllter Ideenkorb zusammen: Adlerbild als Computer-Sperrbildschirm, kleiner Tonadler, Bettwäsche mit Adlermotiv, Adlerfeder, Adlerfruchtgummi aus Karamell-Ingwer, White-Eagle-After-Shave, Adlerkalender, Adleranhänger für Sebastians Halskette.

Im ZRM werden Erinnerungshilfen entweder als bewusster Zielauslöser oder als unbewusster Prime eingesetzt. Jemand nutzt eine Erinnerungshilfe bewusst in einer bestimmten Situation als Zielauslöser, wenn er das Mindset-Motto-Ziel und damit das gewünschte Handeln aktivieren möchte. Wenn Sebastian beispielsweise merkt, dass er sich im Detail zu verlieren droht, könnte er zu seinen Adlerfruchtgummis aus Karamell-Ingwer greifen und so sein neues Adler-Mindset aktivieren. Gestärkt wird Sebastians Adler-Mindset durch die neue Bettwäsche, den kleinen Tonadler, den Adlerkalender und alle anderen Gegenstände, die er sich ausgesucht hat. Unbewusstes Priming stärkt das neue Mindset-Motto-Ziel. Das gilt genauso für Fabiennes Rosenstock auf ihrem Schreibtisch wie für ihre schicke Handtasche mit zartrosa Innenfutter. Steht ihr dagegen ein hektischer Tag bevor, kann sie ihr Rosen-Mindset aktivieren, indem sie ihren Ring mit Rosenmotiv leuchten lässt.

3.7. Schritt 4: Agiles Mindset in den Alltag integrieren

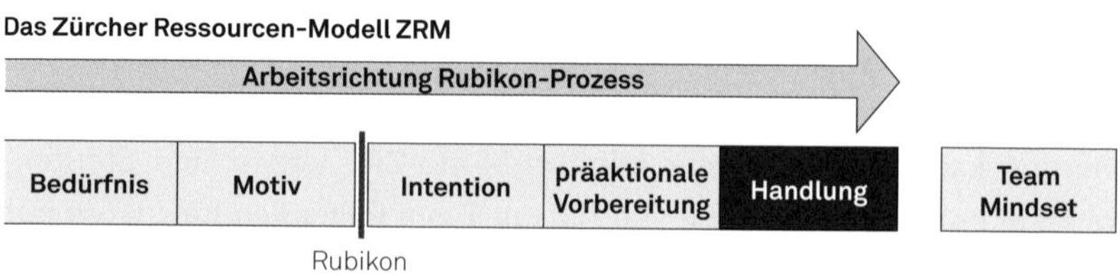

Abbildung 3-25: ZRM Ablauf – Handlung

Die letzte Phase des Rubikon-Prozesses beschäftigt sich mit der Handlung. Wie lässt sich das agile Mindset immer besser ausführen und das erworbene Wissen in die Tat umsetzen? Das neue Mindset-Netz funktioniert erst nach ungefähr sechs Monaten zuverlässig. Demzufolge gelingt es zunächst nicht immer, das neue Mindset-Motto-Ziel erfolgreich in die Tat umzusetzen. Doch davon sollte man sich keineswegs entmutigen lassen (s. **Abb. 3-25**).

Im Gehirn laufen beim Lernen immer dieselben Mechanismen ab. Dabei ist es dem Gehirn völlig egal, ob es Spanisch sprechen, Klavier spielen oder Skifahren lernt. Je öfter das entsprechende neue neuronale Netz aktiviert wird, desto schneller wird es stark und zuverlässig. Das braucht Zeit und Übung. Wer Spanisch lernen möchte, dem ist völlig klar, dass er diese Sprache nicht mal eben so lernt. Es reicht nicht, ein Buch darüber durchzuarbeiten oder einen Spanischkurs zu besuchen. Gleiches gilt für das Skifahren. Jeder weiß, dass es viel Übung braucht, bevor ein eleganter Parallelschwung ohne Probleme gelingt. In diesen nicht psychischen Bereichen ist es offensichtlich, dass etwas nicht von heute auf morgen gelernt werden kann. Niemand würde erwarten, dass er nach einem einwöchigen Spanischkurs eine angeregte Unterhaltung auf Spanisch führen kann. Niemand käme auf die Idee, dass er nach einem Skikurs am Wochenende geschmeidig und genüsslich einen Hang herunterfahren kann. Doch im psychologischen Bereich denken viele, dass es sofort gelingt. Sie meinen: Wenn sie wissen, was sie wollen und wie sie es erreichen können, müssen sie es sofort umsetzen können. Doch nur weil man weiß, wie etwas funktioniert, beherrscht man es noch nicht. Das gilt für nicht psychische Themen genauso wie für psychologische.

Das neue Mindset-Netz repräsentiert eine innere Verfassung für ein spontanes und situationsadäquates Handeln in dem gewünschten Sinne. Damit dies im Alltag tatsächlich gelingt, bedarf es keiner neuen Fertigkeiten, die durch ein Verhaltenstraining vermittelt werden müssen. Stattdessen ist das Wissen darüber notwendig, wie man seine bereits vorhandenen Fähigkeiten situationsangepasst und zielbezogen einsetzen kann. Es geht also darum, wie man in einer gegebenen Situation seine Ressourcen aktivieren und gemäß dem Mindset-Motto-Ziel spontan und flexibel reagieren kann.

Im normalen Alltag wird es realistischerweise verschiedene Situationen geben, in denen es mehr oder weniger leichtfällt, die neue Haltung zu bewahren. Im ZRM gibt es deshalb das Situationstypen-ABC. Es erlaubt, Situationen in drei Schwierigkeitsgrade einzuteilen:

Situationstyp A: Das Mindset-Motto-Ziel wird einfach und automatisch umgesetzt.

Situationstyp B: Die Umsetzung des Mindset-Motto-Ziels ist schwierig, die Situation jedoch vorhersehbar und deshalb planbar.

Situationstyp C: Die Umsetzung des Mindset-Motto-Ziels ist schwierig, die Situation kommt überraschend.

In den folgenden Unterkapiteln schauen wir uns an, worin sich diese Situationstypen unterscheiden und wie man adäquat reagieren kann, sodass die Umsetzungswahrscheinlichkeit des Mindset-Ziels möglichst hoch ist.

Situationstyp A: Umsetzung einfach und automatisch

Das Mindset-Motto-Ziel ist stark motivierend und im Unbewussten gespeichert. Dank der besonderen Aufmerksamkeitsform des Unbewussten, der Vigilanz, gelingt zielrealisierendes Handeln in A-Situationen bereits automatisch.

Hier meldet sich Eric zu Wort: „Ich weiß nicht recht, ob das zählt, doch hört mal, wie es mir gestern Abend ergangen ist. Ich bin nach dem ZRM-Training noch kurz ins Büro gegangen. Ich wollte einem Kunden eine Liste mit offenen Punkten zusammenstellen. Diese hatte ich ihm versprochen. Normalweise hätte ich sie mit Excel erstellt. Ich nutze dafür eine eigene Vorlage, sodass es ganz schnell geht. Doch plötzlich hatte ich die Idee, diese Liste aus unserem neuen Tool generieren zu lassen“, berichtet Eric sichtlich verblüfft. „Mir ist das zwar nicht sofort auf Anhieb gelungen. Doch nach ein paar wenigen Anlaufschwierigkeiten hat es erstaunlich gut geklappt.“

Aus neurobiologischer Sicht hat Erics Gehirn eine phänomenale Leistung vollbracht. Zunächst einmal hat sein Unbewusstes eine Situation identifiziert, in der Eric sein neues Mindset-Motto-Ziel umsetzen kann. Zudem hat es die Aktivierung des alten, bestehenden „Ich-mag-nichts-Neues-Netzes“ verhindert. Stattdessen hat das Unbewusste das neue „Balu-Netz“ aktiviert. Außerdem hat Erics Gehirn veranlasst, dass er in Handlung übergeht und das neue Tool sogar sofort benutzt. Und Eric wurde in diesem Fall auch noch mit der automatisch generierten Liste belohnt.

Die Schwierigkeit bei A-Situationen besteht darin, sie überhaupt zu bemerken. Oft dringen sie gar nicht ins Bewusstsein. Und wer sie doch bewusst wahrnimmt, wertet sie häufig ab. „Das war doch das Mindeste, was ich von mir erwarten konnte“, „Das ist eine lächerliche Kleinigkeit“ oder „Das ist doch banal und kaum der Rede wert“, heißt es dann. Diese Reaktionen sind ungünstig. Sie sind nicht förderlich für das Erlernen des neuen Mindset-Motto-Ziels. Viel besser ist es, sich für diese Erfolge zu loben. Denn Lob verstärkt das neuronale Netz. Das Gehirn lernt, wenn es mit einem Verhalten erfolgreich war. Je mehr Erfolge es erzielt, desto schneller geht das Erlernen und Automatisieren des gewünschten Verhaltens. Das Unbewusste hat die Aufgabe, seine Besitzerin bzw. seinen Besitzer wohlbehalten durchs Leben zu bringen. Es speichert alles, was dem Wohlbefinden zuträglich ist. Zu Beginn sind diese Erfahrungen lediglich ein neuronaler Trampelpfad. Durch regelmäßige Wiederholung werden sie zu neuronalen Achterbahnen.

Einen Kollegen auf den Nachmittag vertröstet, um das eigene Thema abzuschließen? „Super, da kann ich mir wirklich auf die Schulter klopfen!“ Sich erst einmal eine Übersicht aller Themen verschafft, statt sofort in ein Detail abzutauchen? „Super, prima gemacht!“ Ruhig geblieben, obwohl das Entwicklungsteam wieder einmal viel mehr Zeit benötigt? „Super, da bin ich stolz darauf!“ Die eigene Entscheidung zurückgehalten und stattdessen das Team in der eigenen Entscheidungsfindung unterstützt? „Super, gut gelungen!“

Wie wir bereits wissen, dauert es ungefähr sechs Monate, bis etwas Neues gelernt ist. Nach dieser Zeit ist das neuronale Netz gefestigt, sodass man darauf zugreifen kann, wenn man es will und es braucht. Dieser Vorgang lässt sich beschleunigen, indem man seine Aufmerksamkeit auf das neue Verhalten lenkt. Hierfür lässt sich eine Aufmerksamkeitstechnik einsetzen. Wie diese funktioniert, wird an folgender kleiner Geschichte schön deutlich: Es war einmal im Orient eine weise, alte Frau. Sie lebte etwas außerhalb des Dorfes und war immer glücklich und zufrieden. Eines Tages wollten die Dorfbewohner wissen, wie ihr das gelang. Eine Delegation von drei Männern ging zu ihr, um sie das zu fragen. „Liebe Frau, erzähle uns dein Geheimnis. Was machst du nur, damit du immer so glücklich, froh und ausgeglichen bist?“ Die weise Frau lächelte. „Das erzähle ich euch gerne. Setzt euch zu mir. Es ist das Geheimnis der roten Bohnen. Jeden Morgen, wenn ich aufstehe, gebe ich eine Handvoll roter Bohnen in meine linke Rocktasche. Immer, wenn mir etwas Schönes passiert, mich etwas zum Lächeln bringt oder ich auf eine freundliche Person treffe, nehme ich eine rote Bohne aus meiner linken Rocktasche und gebe sie in meine rechte Rocktasche. Wenn ich am Abend ins Bett gehe, nehme ich alle Bohnen der rechten Rocktasche und erinnere mich an jede Begebenheit, die schöne Gefühle in mir ausgelöst hat. Und so kommt es, dass ich jeden Abend glücklich und zufrieden einschlafe.“

Diese Technik lässt sich gut für A-Situationen anwenden, in denen es gelungen ist, im Sinne des Mindset-Motto-Ziels zu handeln. Dazu sind keine Bohnen notwendig. Stattdessen eignen sich Erinnerungshilfen sehr gut für diesen Zweck. Damit verbindet man das Angenehme mit dem Nützlichen: Man erinnert sich an die eigenen Erfolge und stärkt gleichzeitig das neue Mindset-Netz. Fabienne organisiert sich zwei hübsche Glasschälchen, die sie in ihre Schreibtischschublade stellt. In eines gibt sie die rosa Glasmurmeln. Immer wenn sie etwas in aller Ruhe erledigt hat, wandert eine rosa Glasmurmel in das andere Schälchen. Eric ist Excel-Fan. Er hat sich eine Excel-Tabelle erstellt, in der er jeden seiner Erfolge notiert. Reinhard verwendet seine kleinen bunten Bausteine für diese Aufmerksamkeitstechnik. Er bewahrt sie in zwei Gläsern auf, die auf seinem Schreibtisch stehen. „Immer dann, wenn ich eine Sache am Stück erledigt habe, gebe ich einen Baustein in das andere Glas“, berichtet Reinhard von seiner Idee. Sebastian hat auf seinem Handy ein Tool installiert, mit dem er Eier sammeln kann. „Für mich sind das Adlereier“, sagt er schmunzelnd. „Immer, wenn ich ein Mindmap oder eine andere Übersicht zur besseren Orientierung erstelle, kommt ein weiteres Ei in das Nest.“ Patrick wendet diese Technik mit seinen kleinen bunten Holzblättern an. Sie sind so klein und flach, dass sie gut in die Hosentasche passen. „Das ist ideal für mich. So habe ich sie immer bei mir. Jedes Mal, wenn ich mich mit einem Kommentar zurückgehalten habe, tue ich ein Holzblatt in meine andere Hosentasche“, nimmt sich Patrick vor. Bei dieser Aufmerksamkeitstechnik sind der Fantasie keine Grenzen gesetzt. Wichtig ist nur, dass man seine einfachen geglückten Situationen bemerkt und in irgendeiner Weise festhält.

Situationstyp B: Umsetzung schwierig, Situation vorhersehbar

Situationstyp B beschreibt Situationen, in denen die Umsetzung schwierig ist, von denen man aber weiß, dass sie früher oder später kommen. Sie sind planbar. Deshalb eignet sich dieser Situationstyp für das Üben. Es ist das Fitnessstudio für das Gehirn, das zentrale Trainingsfeld für das neuronale Netz.

Zunächst werden B-Situationen nach Schwierigkeitsgrad eingeteilt. Die Idee dahinter ist, dass man sich jene Situationen aussuchen kann, die für das Üben am besten geeignet sind. Es ist wie im Fitnessstudio: Es ist nicht sinnvoll, mit dem schwierigsten Gerät und den größten Gewichten zu beginnen. Das wäre nicht gut und höchstwahrscheinlich eine Überforderung. Auch der Beginn mit etwas zu Leichtem wäre nicht geeignet. Es würde sich kein Trainingseffekt einstellen. Ein passendes Training beginnt mit dem richtigen Mittelmaß.

B-Situationen müssen einen geeigneten Schwierigkeitsgrad haben. Um diesen zu bestimmen, verwendet das ZRM eine Skala von 0 bis 100, ähnlich einem Thermometer. Danach überlegt man sich Situationen, die zu dem neuen Mindset-Motto-Ziel passen. Diese Situationen sollten einen unterschiedlichen Schwierigkeitsgrad haben. Sie werden auf dem Thermometer eingetragen. Zum Üben eigenen sich jene B-Situationen, die einen Schwierigkeitsgrad zwischen 40 und 60 haben. Das ist der optimale Trainingsbereich, um das neuronale Netz zu stärken.

Für den Beginn sucht man sich eine B-Situation aus und beschreibt diese möglichst genau: Wann findet sie statt, an welchem Ort, wer ist mit dabei und wie ist das eigene Befinden? Hierfür ist der Verstand gefordert. Die einzelnen Schritte sollten möglichst sorgsam analysiert, überlegt und vorbereitet werden. Ziel ist es, möglichst große Sicherheit im Verhalten zu gewinnen und auszuloten, was möglich ist. Es sollten möglichst viele Unwägbarkeiten von vornherein ausgeschlossen werden. Danach überlegt man, welche Erinnerungshilfen man in dieser Situation einsetzen möchte.

Patricks ausgewählte Situation ist das nächste Review Meeting mit dem Kunden. In diesem Meeting geht es darum, die aktuelle Version der Software vorzustellen sowie Änderungswünsche und Verbesserungsvorschläge des Kunden aufzunehmen. „Wir führen das Review Meeting regelmäßig durch. Bisher habe ich immer sofort entschieden, welche

Feedbackpunkte des Kunden wir umsetzen werden. Ich befürchtete, dass außer mir niemand diese Entscheidung treffen würde“, erklärt Patrick. Am Tag des Review Meetings benutzt Patrick sein fruchtig duftendes Aftershave. „Zum Frühstück werde ich mir ein großes Stück des Baumkuchens gönnen“, sagt Patrick zuversichtlich. Außerdem wird er seinen dunkelgrünen Füllfederhalter mit in das Meeting nehmen. „Mein Füller wird mich immer wieder daran erinnern, dass ich mich mit meinen Entscheidungen zurückhalte“, sagt Patrick überzeugt. „Außerdem habe ich mein Handy mit dem Obstbaumbild dabei. Dieses Bild erinnert mich jedes Mal an mein Mindset-Ziel, wenn ich überprüfe, ob wir noch gut in unserem Zeitplan liegen.“ Diese Erinnerungshilfen sollen Patrick daran erinnern, dass er für die anderen im Team immer wieder Gelegenheiten schafft, über die gewünschten Änderungen selbst zu entscheiden.

Ressourcentankstelle und soziale Ressourcen

In B-Situationen können nicht nur diese Erinnerungshilfen eingesetzt werden. Darüber hinaus gibt es zwei weitere Ressourcen: die Ressourcentankstelle und soziale Ressourcen.

Unter einer Ressourcentankstelle versteht das ZRM einen Ort, an dem das Unbewusste auftanken kann. Mit den physischen Kräften verhält es sich nämlich gleich wie mit dem Akku eines Elektroautos: Nach einer bestimmten Anzahl Kilometer ist er leer. Genauso ist psychische oder physische Erschöpfung eines Menschen Zeichen für einen leeren Akku. In diesen Situationen lässt sich die Ressourcentankstelle nutzen. Dort kann man sich an den Satz des Mindset-Motto-Ziels erinnern, sich das Bild ins Gedächtnis rufen oder in Kontakt mit stationären Primes kommen. Das stärkt das Unbewusste. Diese Ressourcentankstelle kann man im Büro, zu Hause oder draußen in der Natur einrichten. Idealerweise hat man mehrere Ressourcentankstellen, um seine Akkus immer wieder aufzuladen und neue Energie zu tanken.

Soziale Ressourcen sind andere Menschen. Sie können ebenfalls eine gute Unterstützung sein und dazu beitragen, das Mindset-Motto-Ziel zu aktivieren. Es sind Menschen, deren Anwesenheit guttut oder deren Ausstrahlung einen darin unterstützt, in der gewünschten Haltung zu bleiben. Alternativ kann man andere Personen aktiv und strategisch als Ressource einsetzen. Beispielsweise kann man den Partner oder Freunde in sein neues Mindset-Motto-Ziel einweihen und bitten, zur Erinnerung regelmäßig eine SMS zu schicken. Oder man kann Arbeitskollegen bitten, dass sie zu einem vereinbarten Zeitpunkt auftauchen und etwas Ressourcenaktivierendes zu tun.

Fabienne ist von dieser Idee sofort begeistert. „Das ist eine prima Idee“, freut sie sich. „Ich bitte Reinhard, mich am Tag vor der Releaseeinführung in die Pausen mitzunehmen.“ Diesen Tag hat sie sich als Übungssituation ausgesucht. Meistens ist Fabienne an diesem Tag so beschäftigt, dass sie Frühstücks- und Nachmittagspause völlig vergisst. „Wenn mich Reinhard zu diesen beiden Pausen abholt, könnte ich eine schöne Tasse Wildrosentee trinken. Das wäre eine sehr genussvolle Erinnerung an mein Rosen-Mindset.“ Natürlich sollte sich Fabienne nicht nur auf Reinhard und ihren Tee verlassen. Sie sollte möglichst viele ihrer Erinnerungshilfen über den ganzen Tag hinweg einsetzen.

Wenn-Dann-Pläne

In Kapitel 1 haben Sie erfahren, dass das Unbewusste Automatismen bilden kann. Wenn-Dann-Pläne sind eine Technik, die die Aktivierung alter Automatismen verhindert und neue gewünschte Automatismen erzeugt. Damit eignen sie sich ebenfalls ausgezeichnet für den Einsatz in B-Situationen.

Zunächst einmal sind die Automatismen zu entlarven: Was könnte mich davon abhalten, mein Vorhaben umzusetzen? Hier lassen sich innere und äußere Hindernisse unterscheiden. Bei inneren Hindernissen taucht die Hürde in einem Menschen auf. Dies ist beispielsweise bei Reinhard der Fall. Er hat sehr schnell den Impuls, sich für ein Thema zu begeistern. Ähnlich ergeht es Sebastian mit seinem Drang, sich sofort auf ein Detail zu stürzen. Äußere Hindernisse kommen aus der Umgebung. Für Fabienne sind das stressige Testphasen, für Patrick sind es Themen, die in seinen Augen eine Entscheidung erfordern.

Mit den Wenn-Dann-Plänen kann man mit diesen Hindernissen umgehen. Die Wirkung wurde in vielen Hundert Studien nachgewiesen (Gollwitzer & Sheeran, 2006). Wenn-Dann-Pläne haben eine besondere sprachliche Formulierung: „*Wenn* x passiert, *dann* werde ich y tun“. Wer ein Vorhaben in dieser Form formuliert, greift direkt auf die Ebene der unbewussten Automatismen zu. Eine Situation, in der unerwünschte Automatismen anspringen können, wird im Unbewussten direkt mit dem zielrealisierenden, gewünschten Handeln verbunden. Durch eine gezielte Vorbereitung kann man auf die unerwünschten Automatismen zugreifen und durch ein gewünschtes Verhalten ersetzen. Dazu muss man den Wenn-Dann-Plan nur einmal aufschreiben. Dann ist er bereits im Unbewussten verankert.

Reinhard hat bei sich zwei schwierige Situationen identifiziert. Zum einen begeistert und interessiert er sich sofort für alle neuen Themen. Deshalb ist er bei allem mit dabei und fühlt sich oft von seinem Engagement zeitlich überfordert. Für diese Situationen erstellt er den folgenden Wenn-Dann-Plan: „Wenn ich meine Begeisterung spüre, dann trinke ich ein Glas Wasser." Reinhards zweites Thema ist seine Hilfsbereitschaft. Er wird oft um Unterstützung gebeten und kann schlecht „Nein" sagen. Das hat zur Folge, dass er an allerlei Themen parallel arbeitet. Hierfür stellt er sich folgenden Wenn-Dann-Plan zusammen: „Wenn mich jemand um Hilfe bittet, dann atme ich dreimal tief durch."

Wenn-Dann-Pläne sind eine fantastische Technik für das eigene Selbstmanagement. Ihre Wirkung ist umso besser, je stärker sie motivational verankert sind. Deshalb ist es eine gute Idee, sie direkt mit dem Mindset-Motto-Ziel zu verknüpfen. Auf diese Weise stellt sich eine doppelte Wirkung ein. Der alte Automatismus springt nicht an und zudem erhält man noch gute Gefühle.

Sebastians Schwierigkeit ist, dass er sofort in ein Thema abtaucht und deswegen leicht den Überblick verliert. Er stellt sich folgenden Wenn-Dann-Plan auf: „Wenn ich ins Detail abtauche, dann nasche ich ein Adlerfruchtgummi." Fabienne notiert sich folgenden Wenn-Dann-Plan, um ihr neues Mindset-Netz umzusetzen und nicht mehr in alte Automatismen zurückzufallen: „Wenn in mir Hektik aufkeimt, dann verlasse ich den Raum." Erics Wenn-Dann-Plan lautet folgendermaßen: „Wenn ich in Diskussionen über Neues gerate, dann fasse ich meinen Bärenschlüsselanhänger an." Patrick stellt sich folgenden Wenn-Dann-Plan auf: „Wenn ich eine Entscheidung treffen möchte, dann stelle ich eine Frage." (s. **Abb. 3-26**)

In Vorbereitung der B-Situationen plant man verschiedene Unterstützungen ein: Gegenstände als Erinnerungshilfen, Orte als Ressourcentankstelle, Menschen als soziale Ressourcen und Wenn-Dann-Pläne für unerwünschte Automatismen. Mit diesen Vorbereitungen ist man für diese Situationen gut gerüstet.

Abbildung 3-26: Wenn-Dann-Pläne der Protagonisten

„Das Review Meeting findet im großen Sitzungszimmer statt. Ich brauche also unbedingt mobile Erinnerungshilfen. Und außerdem kann ich mir noch eine Ressourcentankstelle im Kaffeeraum einrichten. Da kann ich wieder auftanken, das fällt niemandem auf, da wir in der Pause des Review-Meetings sowieso dorthin gehen. Und meine Frau bitte ich, mir genau um 11 Uhr eine Nachricht zu schicken. Ich bin neugierig, wie diese vielen Primes funktionieren", sagt Patrick gespannt. „Zudem kann ich den Wenn-Dann-Plan nutzen: ‚Wenn ich eine Entscheidung treffen möchte, dann stelle ich eine Frage'. Das klingt gut", freut sich Patrick.

Situationstyp C: Umsetzung schwierig, Situation überraschend

Wir haben nun einfache und schwierige, jedoch planbare Situationen kennengelernt und erfahren, was in diesen Fällen zu tun ist. Nun gibt es noch C-Situationen. Das sind schwierige Situationen, die plötzlich und überraschend auftreten. Von ihnen wird man kalt erwischt. Es sind schwierige Situationen, die nicht vorhersehbar sind. Man kann sie nicht planen, oft erkennt man sie erst im Nachhinein. Natürlich wäre in diesen Fällen die neue Haltung wünschenswert, doch existiert noch kein genügend starker Automatismus dafür. Deshalb springt der alte, unerwünschte an. Man verhält sich so, wie man es in diesen Fällen immer tut. Und ärgert sich danach, weil man sich wieder so verhalten hat, wie man es nicht mehr wollte.

An dieser Stelle meldet sich Reinhard zu Wort: „Ich glaube, dass ich gestern Abend eine überraschende Situation erlebt habe", berichtet er. „Nach dem ZRM-Training bin ich zum Auto gegangen, um nach Hause zu fahren. Ich war in Gedanken bereits bei meiner Frau und meinen Kindern. Ich habe mich darauf gefreut, mit ihnen zu Abend zu essen und anschließend einen gemütlichen Sofaabend mit meiner Frau zu verbringen. Auf dem Parkplatz bin ich einem Kollegen begegnet. Wir sind beide Urgesteine der Rubinia Bank und haben schon mehrmals in dem gleichen Projekt gearbeitet", erzählt Reinhard lächelnd. „Er hat mir geschildert, wie er den ganzen gestrigen Nachmittag vergeblich versucht hat, eine neue Software zu installieren. Er weiß, dass ich mich mit dieser Software gut auskenne. Deshalb hat er mich gefragt, ob ich ihm helfen könne, sie zum Laufen zu bringen", erzählt Reinhard und sein Gesicht verdüstert sich dabei. „Und was mache ich? Ich sage ‚Ja'. Spontan. Ohne darüber nachzudenken. Und begleite ihn ins Büro. Dort sind wir die nächsten zwei Stunden vor seinem PC gesessen und haben an dieser Software herumgetüftelt", fährt Reinhard fort. „Schlussendlich konnte ich ihm helfen. Die Software läuft jetzt auf seinem Rechner. Mein Kollege war natürlich glücklich darüber. Er hat sich überschwänglich bei mir bedankt“, berichtet Reinhard ein wenig stolz. „Danach bin ich nach Hause gefahren. Erst auf dem Heimweg im Auto habe ich realisiert, dass ich wieder einmal sofort, ohne zu überlegen, ‚Ja‘ gesagt habe. Ich habe mich richtig über mich selbst geärgert. Schon wieder ist mir das passiert! Denn eigentlich hatte ich mich auf einen schönen Abend mit meiner Familie gefreut.“ Reinhards Geschichte ist ein schönes Beispiel für eine C-Situation.

Direkt nach dem ZRM-Training sind C-Situationen nicht zu bewältigen. Dafür ist mehr Übung notwendig. Im Moment lässt sich nichts daran ändern, wenn in C-Situationen alte, unerwünschte Automatismen aktiviert werden. Es ist dumm gelaufen. Die meisten Menschen ärgern sich darüber und sind frustriert. Sie martern sich mit der Frage, warum sie so reagiert haben. Sie hängen am Gefühl des Misserfolgs und des Versagens. Das ist unnötig. Es ist passiert, was passiert ist. Daran lässt sich nichts mehr ändern. Wie geht man mit diesem Situationstyp um? Wie bei A-Situationen ist es zunächst wichtig, überhaupt zu realisieren, dass das Erlebte eine C-Situation war. Danach werden sie notiert und gesammelt. Wenn man mindestens sechs C-Situationen zusammengetragen hat, kann man sich an die Analyse machen. Man sucht nach Mustern und Gemeinsamkeiten dieser Situationen. Was ist darunter zu verstehen? Es kann beispielsweise sein, dass C-Situationen immer in der Phase der Softwareauslieferung auftauchen oder immer dann, wenn sich eine bestimmte Person zu Wort meldet. Das ZRM spricht in diesen Fällen von einem äußeren Vorläufersignal. Es gibt auch innere Vorläufersignale, die eine C-Situation auslösen können, wie zum Beispiel Müdigkeit, weil man in der Nacht zuvor schlecht geschlafen hat, oder Hunger, weil man die Mittagspause durchgearbeitet hat. „Ich habe sofort ein erstes Warnsignal identifiziert“, bekennt sich Patrick. „Wenn ich die Terminplanung der Projekte anschaue und merke, wie viel in den einzelnen Themenbereichen noch zu tun ist, kann ich die Dringlichkeit des Projektes fast greifen. Das kommt bei mir regelmäßig vor. Das ist für mich immer ein untrügliches Zeichen, dass jetzt rasches Handeln erforderlich ist‘, erklärt Patrick den anderen in seinem Team.

Alle C-Situationen mit den gleichen Vorläufersignalen lassen sich vorbereiten. Damit sind sie zu ganz normalen B-Situationen geworden. Die Einteilung der Situationen in diese drei Schwierigkeitsgrade verändert sich im Laufe der Zeit. Eine überraschende C-Situation wird zunächst zu einer B-Situation, mit zunehmender Übung wird daraus eine A-Situation. Schwierige B-Situationen werden zu einfachen B-Situationen. Es ist alles eine Frage der Übung und bedarf Hartnäckigkeit, um dranzubleiben.

3.8. Schritt 5: Team-Mindset entwickeln

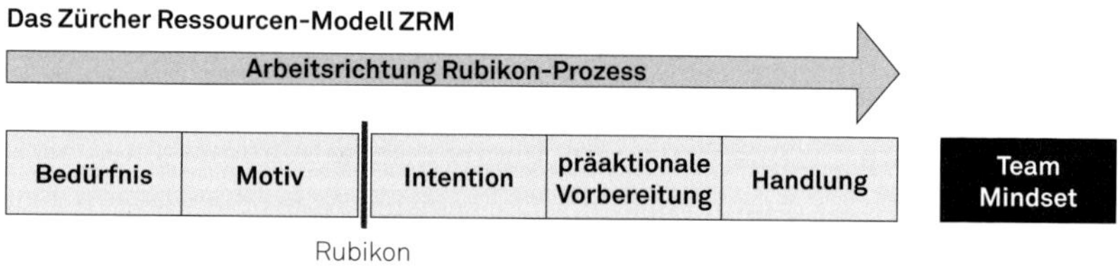

Abbildung 3-27: ZRM Ablauf – Team-Mindset

Wir verlassen nun den Rubikon-Prozess. Im nächsten Schritt wird das Team-Mindset gebaut. Dafür formulieren die Teilnehmenden ein gemeinsames Team-Mindset aus ihren gesammelten Lieblingsideen. Das Team-Mindset beschreibt eine gemeinschaftliche Haltung im Bezug auf die definierten Teamwerte (s. **Abb. 3-27**).

Alle Lieblingsideen des Teams werden auf Kärtchen geschrieben und an eine Pinnwand gehängt. Im Anschluss daran erhält jedes Teammitglied drei Klebepunkte, die es für seine drei Ideenfavoriten vergeben kann. Pro Begriff darf es maximal einen Punkt vergeben. Die Punktevergabe erfolgt, indem jede Person für jeden Begriff überprüft, ob sie intensive positive somatische Marker wahrnehmen kann. Ist dies der Fall, erhält der Begriff einen Punkt. „Ich frage mich, ob das sinnvoll ist", überlegt Fabienne laut. „Ich vergebe meine drei Punkte für meine Lieblingsideen vom Beginn des ZRM-Trainings. Was ist damit gewonnen?" Fabiennes Frage ist natürlich berechtigt. Für seine eigenen Lieblingsideen Punkte zu vergeben, ergibt keinen Sinn. Deshalb ist es wichtig, dass jedes Teammitglied Punkte für die Lieblingsideen der anderen im Team vergibt. In **Abbildung 3-28** ist ersichtlich, wie die Pinnwand mit den Lieblingsideen aussieht, nachdem alle in Patricks Team ihre Punkte vergeben haben.

Im nächsten Schritt werden die Lieblingsideen ausgewählt, die jeweils die höchste Punktzahl haben. In Patricks Team sind es folgende Begriffe: „im Wind segeln", „Gelassenheit" und „kraftvoll und elegant". Sie sind das Basismaterial für das Team-Mindset. Es repräsentiert das gemeinsa-

Abbildung 3-28: Ideenkorb für das Team-Mindset

me Ziel des Teams, das sowohl die bewusste als auch die unbewusste Ebene mit einbezieht. Durch die Verwendung dieser bildhaften Begriffe wird nicht nur der bewusste Verstand angesprochen, sondern auch das Unbewusste mit einbezogen. Auf diese Weise entsteht ein gemeinsames inneres Bild von einer wertebasierten Zusammenarbeit. Dieses wird durch die Formulierung eines Team-Mindsets in Sprache gefasst, indem diese Lieblingsideen in verschiedener Weise miteinander kombiniert werden. Maßgebend dafür ist die folgende Frage: Was brauchen wir als Team, damit wir unser Ziel bestmöglich erreichen? An dieser Stelle kommt wieder die Ideenkorb-Technik zum Zug. Jedes Teammitglied ist aufgefordert, mögliche Formulierungen für das gemeinsame Mindset in den imaginären Korb zu geben. Es handelt sich um die gleiche Vorgehensweise, die bereits bei der Formulierung des persönlichen Mindsets angewendet wurde. Wie können Sie sich die Mindset-Motto-Sätze auf Teamebene vorstellen? Es sind metaphorische Beschreibungen einer gewünschten Haltung für das Team. Schauen wir uns an, welche Vorschläge Patricks Team zusammengetragen hat (s. **Abb. 3-29**).

Ideenkorb Team Mindset

Wir segeln kraftvoll und elegant im Wind

Gelassen vertrauen wir auf unsere Kraft und segeln im Wind

Wir steuern unser Schiff voller Eleganz kraftvoll der Gelassenheit entgegen

Mit kraftvoller Gelassenheit segeln wir elegant unserem Ziel entgegen

Mit dem Wind in den Segeln sind wir mit kraftvoller Eleganz unterwegs

Wir sind auf unserem Schiff getragen von unserer Gelassenheit und Kraft

Gelassen genießen wir den kraftvollen Wind in unseren Segeln

Wir segeln im Wind und vertrauen auf unsere Kraft und Gelassenheit

Wir segeln kraftvoll mit Wind in den Segeln

Abbildung 3-29: Lieblingsideen für das Team-Mindset

Diese Vorschläge werden wiederum mit Punkten bewertet. Die Formulierung mit der höchsten Punktzahl ist das favorisierte Team-Mindset. Dieses muss abschließend noch einem Feinschliff unterzogen werden. Denn auch für das Team-Mindset müssen die drei Kernkriterien eines Motto-Ziels erfüllt sein:

- Kernkriterium 1: Formulierung als Annäherungsziel
- Kernkriterium 2: Sicherstellen von Kontrollerleben
- Kernkriterium 3: Affektbilanz von 0 auf der negativen und mindestens 70 auf der positiven Skala

Das Team-Mindset ist demnach dahingehend zu überprüfen, ob es einen gewünschten Zustand beschreibt. Dieser sollte aus eigener Kraft von dem Team erreicht werden können. Das Team sollte im Hinblick auf die Umsetzung des Mindset Mottos nicht auf externe Unterstützung angewiesen sein. Eine letzte wichtige Überprüfung betrifft die Affektbilanz, die einen Wert von Minus 0 und mindestens Plus 70 aufweisen muss. Dies muss für jedes Teammitglied sichergestellt sein. Sind diese drei Kriterien erfüllt, ist es geschafft: Das Team-Mindset hat das Licht der Welt erblickt. Das gilt auch für Patricks Team. Unsere Protagonisten haben erfolgreich ein wunderbares Team-Mindset gebaut. Es lautet: *Mit kraftvoller Gelassenheit segeln wir elegant unserem Ziel entgegen* (s. **Abb. 3-30**).

„Wow, das klingt klasse", staunt Eric. „Hätte mir jemand zu Beginn des ZRM-Trainings den Wortlaut unseres Team-Mindsets prophezeit, hätte ich diese Formulierung komisch gefunden. Doch jetzt merke ich richtig, wie mich dieser Satz innerlich berührt. Er löst in mir eine Mischung von so vielen angenehmen, motivierenden Gefühlen aus, die ich überhaupt nicht in Worte fassen kann. Und dennoch ist mir völlig klar, was dieser Satz ausdrücken möchte."

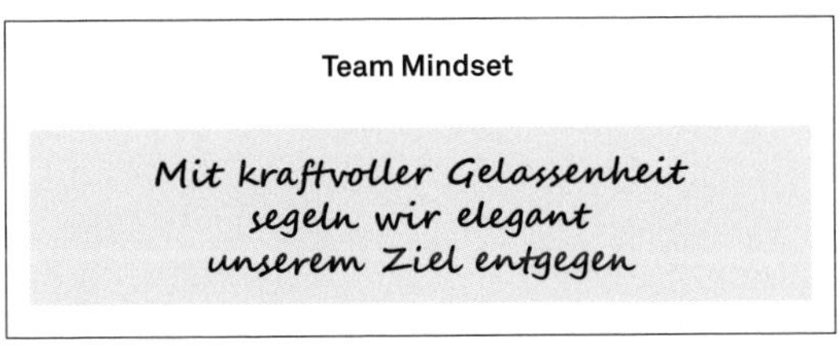

Abbildung 3-30: Team-Mindset

Nachwort

Nun habe ich beschrieben, wie jeder Mitarbeitende mit der klar definierten Vorgehensweise des ZRM ein agiles Mindset entwickeln kann. Es wird durch ein ZRM-Motto-Ziel repräsentiert. Dieses stellt Motivation sicher, erlaubt spontanes, situationsadäquates Handeln sowie implizite Teamkoordination. Damit ist ein Motto-Ziel im besten Sinne agil sowie der entscheidende Faktor einer gelingenden Zusammenarbeit.

In selbstorganisierten Teams sind darüber hinaus Werte von zentraler Bedeutung. Sie sind nicht einfach nur Hygienefaktoren, die von einem kleinen Gremium einer Organisation erdacht und auf Motivationsposter gedruckt werden. Vielmehr sind sie lebendige Elemente einer erfolgreichen Teamarbeit. Sie werden gemeinschaftlich erarbeitet, gelebt und hinterfragt. Das ermöglicht eine neue Tiefe und Ehrlichkeit in der Zusammenarbeit eines Teams. Dem liegt gleichzeitig ein bestimmtes Menschenbild zugrunde: Menschen sind nicht länger austauschbare Ressourcen mit genau definierten Funktionen und Aufgaben. Sie sind vielmehr „Mitdenker" mit unentdeckten Potenzialen, Talenten und Kompetenzen. Sie bringen sich mit ihrer Persönlichkeit und ihrem Wertesystem in das Team ein. Laloux beschreibt diese werteorientierten Organisationen als Orte, in denen Menschen mit ihrem ganzen Selbst willkommen sind. Solche Organisationen gibt es bereits. Deren Mitarbeitende zitiert Laloux mit den Worten: „Ich habe das Gefühl, hier kann ich wirklich ich selbst sein" (Laloux, 2015, S. 145). Darauf beruht auch das ZRM: Es zollt der Individualität jedes einzelnen Menschen großen Respekt. Mit der eigenen Welt aller Trainingsteilnehmenden geht es respektvoll und wertschätzend um. Menschen werden weder bewertet noch verurteilt. Beides ist im ZRM überflüssig. Es sieht in psychischer Entwicklung nichts anderes als den Erwerb von neuem Wissen mit dem Ziel, das eigene Wohlbefinden zu steigern.

Dafür geht das ZRM einen ganz eigenen Weg. Jedes Teammitglied wird dort abgeholt, wo es steht. Die persönliche Sichtweise auf die Teamwerte wird berücksichtigt. Jede Person ergründet für den gewählten persönlichen Wert, in welcher Weise sie ihn mit dem eigenen Wertesystem in Übereinstimmung bringen kann. Dabei kann sie durchaus zu dem Ergebnis kommen, dass ihre Haltung mit den Teamwerten nicht kompatibel ist. Trotzdem hat diese Person vom ZRM-Training profitiert, indem sie die Möglichkeit hatte, ihre diffusen Gefühle sorgfältig zu explorieren und in Sprache zu übersetzen. Dadurch konnte sich bei ihr innere Klarheit einstellen. Mit diesen Voraussetzungen kann sie über ihren weiteren Weg entscheiden. Meistens gelingt es jedoch, der Teamzusammenarbeit durch die Entwicklung eines neuen Mindsets neuen Auftrieb zu geben. Wer sein Verhalten dank des neuen Motto-Ziels verändert, gibt damit gleichzeitig der erfolgreichen Teamarbeit einen positiven Impuls. Ein gemeinschaftliches Team-Mindset kann zudem die Basis für einen frischen, kraftvollen Teamspirit bilden. Damit ist das ZRM-Training der Beginn einer inspirierenden Teamreise.

Literatur

Adlmaier-Herbst, G., Storch, M., Storch, J. & Breiter, A. (2018). *Change-Management – so klappt's.* Bern: Hogrefe. https://doi.org/10.1024/85871-000

Appelo, J. (2018). *Managing for Happiness.* München: Vahlen. https://doi.org/10.15358/9783800654192

Boos, M., Kolbe, M., Strack, M. (2011). An inclusive model of group coordination. In M. Boos, M. Kolbe & M. Strack (Eds.), *Coordination in human and primate groups* (pp. 11–35). Heidelberg: Springer.

Damasio, A.R. (2001). *Ich fühle, also bin ich. Die Entschlüsselung des Bewusstseins* (3. Aufl.). München: List.

Damasio, A.R. (2006). *Descartes Irrtum.* Berlin: List Verlag.

Duhigg, C. (2016). What Google Learned From Its Quest to Build the Perfect Team. *The New York Times Magazine.* Verfügbar unter https://www.nytimes.com/2016/02/28/magazine/what-google-learned-from-its-quest-to-build-the-perfect-team.html

Dweck, C. (2019). *Selbstbild.* München: Piper.

Edmondson, A.C. (2020). *Die angstfreie Organisation.* München: Vahlen. https://doi.org/10.15358/9783800660681

Fujita, K., Trope, Y., Liberman, N. & Levin-Sagi, M. (2006). Construal levels and self-control. *Journal of Personality and Social Psychology, 90*, 351–367. https://doi.org/10.1037/0022-3514.90.3.351

Gollwitzer, P. (1987). Suchen, Finden und Festigen der eigenen Identität. Unstillbare Zielintentionen. In H. Heckhausen, P. Gollwitzer & F. Weinert (Hrsg.), *Jenseits des Rubikon: Der Wille in den Humanwissenschaften* (S. 176–189). Heidelberg: Springer.

Gollwitzer, P. (2012). Mindset theory of action phases. In P. van Lange, A. Kruglanski & E. Higgins (Eds.), *Handbook of theories of social psychology* (pp. 526–545). London: Sage.

Gollwitzer, P. & Sheeran, P. (2006). Implementation intentions and goal achievement: A meta-analysis of effects and processes. *Advances in Experimental Psychology, 38*, 69–119. https://doi.org/10.1016/S0065-2601(06)38002-1

Gollwitzer, P.M. (1999). Implementation intentions. Strong effects of simple plans. *American Psychologist, 54*, 493–503. https://doi.org/10.1037/0003-066X.54.7.493

Grawe, K. (1998). *Psychologische Psychotherapie.* Hogrefe: Göttingen.

Heckhausen, H. & Gollwitzer, P.M. (1987). Thought contents and cognitive functioning in motivational versus volitional states of mind. *Motivation and Emotion, 11*, 101–120. https://doi.org/10.1007/BF00992338

Hüther, G. (2010). *Bedienungsanleitung für ein menschliches Gehirn*. Göttingen: Vandenhoeck & Ruprecht.

Hüther, G., Müller, S.O. & Bauer, N. (2018). *Wie Träume wahr werden*. München: Goldmann.

Kruglanski, A.W. & Kopetz, C. (2009). The role of goal systems in self-regulation. In E. Morsella, J.A. Bargh & P.M. Gollwitzer (Eds.), *Oxford handbook of human action* (pp. 350–367). New York: Oxford University Press.

Kuhl, J. (2001). *Motivation und Persönlichkeit. Interaktionen psychischer Systeme*. Göttingen: Hogrefe.

Kuhl, J. (2004). Was bedeutet Selbststeuerung und wie kann man sie entwickeln? *Personalführung, 37* (4), 30–39.

Lammers, J., Dubois, D., Rucker, D. & Galinsky, A. (2013). Power gets the job: Priming improves interview outcomes. *Journal of Experimental Social Psychology, 49* (4), 776–779. https://doi.org/10.1016/j.jesp.2013.02.008

Latham, G. & Kinne, S. (1974). Improving job performance through training in goal setting. *Journal of Applied Psychology, 59*, 187–191. https://doi.org/10.1037/h0036530

Laloux, F. (2015). *Reinventing Organizations*. München: Vahlen. https://doi.org/10.15358/9783800649143

Locke, E. & Latham, G. (1990). *A theory of goal setting and task performance*. Englewood Cliffs, NJ: Perntice Hall.

Reinertsen, D.G. (1997). *Managing the Design Factory. A Product Developers Toolkit*. New York: Free Press.

Roth, G. & Ryba, A. (2016). *Coaching, Beratung und Gehirn. Neurobiologische Grundlagen wirksamer Veränderungskonzepte*. Stuttgart: Klett-Cotta.

Rutchick, A., Slepian, M. & Ferri, B. (2010). The pen is mightier than the word: Object priming of evaluative standards. *European Journal of Social Psychology, 40* (5), 704–708. https://doi.org/10.1002/ejsp.753

Scheffer, D. & Kuhl, J. (2006). *Erfolgreich motivieren*. Bern: Hogrefe.

Storch, M. (2003). Ressourcenaktivierung und das menschliche Gehirn. Die neurowissenschaftliche Definition des Ressourcenbegriffs und dessen Umsetzung im Zürcher Ressourcen Modell ZRM. In K. Aregger & U.P. Lattmann (Hrsg.), *Gesundheitsfördernde Schule – eine Utopie? Konzepte – Praxisbeispiele – Perspektiven* (S. 139–158). Aarau: Bildung Sauerländer.

Storch, M. (2010). Motto-Ziele, S.M.A.R.T.-Ziele und Motivation. In B. Birgmeier (Hrsg.), *Coachingwissen* (S. 183–206). Wiesbaden: VS Verlag für Sozialwissenschaften.

Storch, M. & Krause, F. (2014). *Selbstmanagement – ressourcenorientiert*. Bern: Huber.

Storch, M. & Krause, F. (2017). *Selbstmanagement – ressourcenorientiert* (6. Aufl.). Bern: Hogrefe.

Storch, M. & Kuhl, J. (2013). *Kraft aus dem Selbst. 7 Psychogyms für das Unbewusste*. Bern: Huber.

Storch, M. & Tschacher, W. (2016). *Embodied Communication, Kommunikation beginnt im Körper, nicht im Kopf*. Bern: Hogrefe.

Storch, M., Cantieni, B., Hüther, G. & Tschacher, W. (2010). *Embodiment. Die Wechselwirkung von Körper und Psyche verstehen und nutzen* (2. Aufl.). Bern: Hogrefe.

Adressen im Internet

Das Zürcher Ressourcen Modell im Netz: www.zrm.ch
Weitere Informationen zum agilen Mindset: www.agiles-mindset.ch

Weiterführende Literatur

Beck, D.E. & Cowan, C.C. (2017). *Spiral Dynamics*. Bielefeld: Kamphausen.

Brandes, N. (2016). *WE-Q: Wir-Intelligenz*. Berlin: Europa Verlag.

Diedrichs, A., Krüsi, D. & Storch, M. (2012). *Durchstarten mit dem neuen Team*. Bern: Huber.

Gloger, B. (2016). *Scrum*. München: Hanser.

Gloger, B., Rösner, D. (2014). *Selbstorganisation braucht Führung*. München: Hanser. https://doi.org/10.3139/9783446441224

Hofert, S. (2016). *Agiler führen*. Wiesbaden: Springer Gabler. https://doi.org/10.1007/978-3-658-12757-2

Hofert, S. (2018). *Das agile Mindset*. Wiesbaden: Springer Gabler. https://doi.org/10.1007/978-3-658-19447-5

Hüther, G. (2013). *Was wir sind und was wir sein könnten*. Frankfurt am Main: Fischer.

Kahnemann, D. (2011). *Schnelles Denken, langsames Denken*. München: Siedler.

Kuhl, J. & Beckham, J. (1994). *Volition and personality*. Göttingen: Hogrefe.

König, O. & Schattenhofer, K. (2018). *Einführung in die Gruppendynamik*. Heidelberg: Carl-Auer.

Maehrlein, K. (2020). *Wie Agilität gelingt*. Offenbach: Gabal.

Nowotny, V. (2018). *Agile Unternehmen: Nur was sich bewegt kann sich verbessern*. Göttingen: Buiness Village.

Permantier, M. (2019). *Haltung entscheidet*. München: Vahlen. https://doi.org/10.15358/9783800660643

Purps-Pardigol, S. (2015). *Führen mit Hirn*. Frankfurt am Main: Campus.

Rock, D. (2009). *Brain at Work*. Frankfurt am Main: Campus.

Sauer, F.H. (2019). *Das große Buch der Werte*. Hürth: INTUISTIK-Verlag.

Schweickhardt, A. (2018). *Teamkultur entwickeln*. Bonn: ManagerSeminare.

Seibel, T. & Rickert, K.E. (2019). *Teamdynamik entwickeln, begleiten, gestalten*. Bonn: ManagerSeminare.

Spiegel, P. (2015). *WeQ – More than IQ*. München: oekom.

Sprenger, R. (2015). *Das Prinzip Selbstverantwortung*. Frankfurt am Main: Campus.

Starker, V. & Peschke, T. (2017). *Hypnosystemische Perspektiven im Change Management*. Berlin: Springer Gabler. https://doi.org/10.1007/978-3-662-54902-5

Die Autorin

Regine Stopka studierte Volkswirtschaft mit Vertiefung Wirtschaftsinformatik an der Universität Freiburg/Breisgau. Sie war als Business Analystin, IT Projektleiterin und IT Consultant für Organisationen der Finanzbranche und der öffentlichen Verwaltung tätig. Parallel dazu absolvierte sie zahlreiche Fachausbildungen zum Neuro- und hypnosystemischen Coach, zur zertifizierten PSI-Kompetenzberaterin IPSIS® und zur Trainerin des Zürcher Ressourcen Modells ZRM®. Heute arbeitet sie als Agile Coach und verknüpft hypnosystemische Ansätze und Methoden des ZRM® mit ihren Erfahrungen aus Projekt-Management und der agilen Arbeitsmethoden. In ihren Coachings, Workshops und Seminaren liegt ihr Fokus auf den Themen agiles Mindset, Motivation sowie Entscheidungs- und Zielfindung. Daneben ist sie ehrenamtliche Mentorin beim Amt für Wirtschaft und Arbeit des Kantons Zürich. Sie unterstützt Menschen unter anderem darin, eine optimale Haltung für den Wiedereinstieg ins Berufsleben zu finden.

Sachwortverzeichnis

N

O

P